Wissenschaftliche Taschenbücher WTB

Mathematik · Physik

U. Röseberg

Determinismus und Physik

Akademie-Verlag · Berlin

WTB Wissenschaftliche Taschenbücher

Lieferbare Bände:

GÜNTHER WAGNER / HANS KÜHMSTEDT
Pharmazeutische Chemie

ROLF SCHÖLLNER
Die Oxydation organischer Verbindungen mit Sauerstoff

ULRICH BEHRENS / MANFRED RINGPFEIL
Mikrobielle Polysaccharide

MARTIN FINKE / WALTER LEIPNITZ
Moderne Methoden der Erdölanalyse

ERICH GUNDERMANN
Chemie und Technologie des Braunkohlenteers

GERHARD KEMPTER
Struktur und Synthese von Vitaminen

FRIEDRICH JACOB
Bewegungsphysiologie der Pflanzen

HELLMUTH GÄBLER
Forstschutz

ALFRED PALISSA
Bodenzoologie in Wissenschaft, Naturhaushalt und Wirtschaft

LUDWIG SPANNHOF
Zellen und Gewebe der Tiere

JOACHIM RIEMER
Quantitative organische Mikroanalyse

ALFRED FRIESER
Mikrowellenmeßtechnik

HANS-WERNER NOLTE
Pflanzenschutz in der Landwirtschaft

WERNER HABERDITZL
Magnetochemie

HARRY PAUL
Lasertheorie
Teil I und II

D. TER HAAR
Quantentheorie

J. H. SANDERS
Die Lichtgeschwindigkeit

JEAN KUNTZMANN
Unendliche Reihen

JEAN KUNTZMANN
Systeme von Differentialgleichungen

JEAN KUNTZMANN
Komplexe Veränderliche

FERDINAND CAP
Einführung in die Plasmaphysik
I. Theoretische Grundlagen

FERDINAND CAP
Einführung in die Plasmaphysik
II. Wellen und Instabilitäten

FERDINAND CAP
Einführung in die Plasmaphysik
III. Magnetohydrodynamik

J. A. ROSANOW
Wahrscheinlichkeitstheorie

HARRY PFEIFER
Theorie linearer Bauelemente
Elektronik für den Physiker I

HARRY PFEIFER
Die Elektronenröhre
Elektronik für den Physiker II

HARRY PFEIFER
Schaltungen mit Elektronenröhren
Elektronik für den Physiker III

HARRY PFEIFER
Leitungen und Antennen
Elektronik für den Physiker IV

HARRY PFEIFER
Mikrowellenelektronik
Elektronik für den Physiker V

HARRY PFEIFER
Halbleiterelektronik
Elektronik für den Physiker VI

STEPHEN G. BRUSH
Kinetische Theorie
Teil I und II

EBERHARD HOFMANN
Eiweiße und Nucleinsäuren als biologische Makromoleküle
Dynamische Biochemie, Teil I

EBERHARD HOFMANN
Enzyme und energieliefernde Stoffwechselreaktionen
Dynamische Biochemie, Teil II

EBERHARD HOFMANN
Intermediärstoffwechsel
Dynamische Biochemie, Teil III

EBERHARD HOFMANN
**Grundlagen der Molekularbiologie
und Regulation des Zellstoffwechsels**
Dynamische Biochemie, Teil IV

HERBERT GOERING
Elementare Methoden zur Lösung von Differentialgleichungsproblemen

PETER KRUMBIEGEL
Isotopieeffekte

D. M. BRINK
Kernkräfte

DIETER ONKEN
Steroide

DIETER KLAUA
Elementare Axiome der Mengenlehre
Einführung in die Allgemeine Mengenlehre I

GÜNTER TEMBROCK
Grundlagen der Tierpsychologie

J. P. VINSON
Optische Kohärenz in der klassischen Theorie und in der Quantentheorie

W. R. HINDMARSH
Atomspektren

GÜNTER TEMBROCK
Biokommunikation
Informationsübertragung im biologischen Bereich
Teil I und II

DIETER MERKEL
Riechstoffe

JOHN CUNNINGHAM
Vektoren

ERNST SCHMUTZER
Symmetrien und Erhaltungssätze der Physik

GERHARD LERCH
Pflanzenökologie

MICHAEL GÖSSEL
Angewandte Automatentheorie
Band I

MICHAEL GÖSSEL
Angewandte Automatentheorie
Band II

HEINRICH KINDLER
Der Regelkreis

A. R. KESSEL
Akustische Kernresonanz

WOLFRAM BRAUER / HANS-WALDEMAR STREITWOLF
Theoretische Grundlagen der Halbleiterphysik

HARRY PAUL
Nichtlineare Optik
Teil I und II

DIETER KLAUA
Grundbegriffe der axiomatischen Mengenlehre
Teil 1 und 2
Einführung in die Allgemeine Mengenlehre II

E. G. GOLSTEIN
Konvexe Optimierung

EBERHARD TEUSCHER
Pharmakognosie
Teil I und II

SIEGFRIED HAUPTMANN
Über den Ablauf organisch-chemischer Reaktionen

A. S. SONIN / B. A. STRUKOW
Ferroelektrizität

L. A. SKORNJAKOW
Elemente der Verbandstheorie

HANS-MARTIN BARCHET
Chemie photographischer Prozesse

R. A. R. TRICKER
Frühe Elektrodynamik

N. D. SHEWANDROW
Polarisation des Lichtes

A. A. SMIRNOW
Metallphysik

VOLKER KEMPE
Theorie stochastischer Systeme

ROLF BORSDORF / MANFRED SCHOLZ
Spektroskopische Methoden in der organischen Chemie

KLAUS ODENING
Parasitismus

WOLFGANG PAULI
Vierpoltheorie
und ihre Anwendung auf elektrische Schaltungen

DIETER KLAUA
Kardinal- und Ordinalzahlen
Teil 1 und 2
Einführung in die Allgemeine Mengenlehre III

R. A. R. TRICKER
Die Beiträge von Faraday und Maxwell zur Elektrodynamik

HANS DAWCZYNSKI
Temperaturbeständige Faserstoffe aus organischen Polymeren

HANS DAWCZYNSKI
Temperaturbeständige Faserstoffe aus anorganischen Polymeren

HELMUT FRIEMEL / JOSEF BROCK
Grundlagen der Immunologie

HORST KEHLEN / FRANK KUSCHEL / HORST SACKMANN
Grundlagen der chemischen Kinetik

HANS BERGNER
Tierernährung

MARTIN SCHMIDT
Pflanzenschutz im Gartenbau

GERALD WOLF
Neurobiologie

ULRICH SEDLAG
Biologische Schädlingsbekämpfung

WOLFGANG WAGNER
Chemische Thermodynamik

HANNELORE FISCHER / JOACHIM PIEHLER
Modellsysteme der Operationsforschung

ALBERT EINSTEIN
Grundzüge der Relativitätstheorie

ALBERT EINSTEIN
Über die spezielle und die allgemeine Relativitätstheorie

MICHAEL GÖSSEL
Wahrscheinlichkeitsautomaten und Zufallsfolgen

HANS-JÜRGEN TREDER
Elementare Kosmologie

P. PAUFLER / D. LEUSCHNER
Kristallographische Grundbegriffe der Festkörperphysik

PAUL HOFFMANN
Photosynthese

WOLFGANG MEILING
Kernphysikalische Elektronik

ULRICH RÖSEBERG
Determinismus und Physik

Vorschau auf die nächsten Bände:

WERNER DÖPKE
Stereochemie organischer Verbindungen

SIEGFRIED BREHMER
Einführung in die Maptheorie

WTB

BAND 161

U. Röseberg

Determinismus und Physik

AKADEMIE-VERLAG · BERLIN

Reihe MATHEMATIK UND PHYSIK

Herausgeber:

Prof. Dr. phil. habil. W. Holzmüller, Leipzig

Prof. Dr. phil. habil. A. Lösche, Leipzig

Prof. Dr. phil. habil. H. Reichardt, Berlin

Prof. Dr. phil. habil. K. Schröder, Berlin

Prof. Dr. rer. nat. habil. H.-J. Treder, Berlin

Verfasser:

Dr. Ulrich Röseberg

Zentralinstitut für Philosophie
der Akademie der Wissenschaften der DDR

1975

Herstellung: VEB Druckhaus „Maxim Gorki", 74 Altenburg

Lizenznummer: 202 · 100/444/75

Bestellnummer: 761 971 6 (7161) · LSV 1114

Printed in GDR

EVP 12,50

Vorwort

In der Physik tauchen — ebenso wie in anderen Wissenschaften — immer wieder philosophische Fragen auf, deren Lösung weltanschauliche Konsequenzen hat und die weitere Forschung nachhaltig beeinflußt.

Seitdem erkannt ist, daß der Gesetzestyp der klassischen Mechanik, der Elektrodynamik und anderer Gebiete der klassischen Physik nicht in allen physikalischen Theorien realisiert ist, gehören die Fragen des Determinismus zu jenen weltanschaulich, erkenntnistheoretisch und methodologisch brisanten Fragen.

Einerseits gilt es deutlich zu machen, daß mit den statistischen Gesetzen der Quantentheorie und der statistischen Physik nicht der philosophische Idealismus über den Indeterminismus zur Grundlage der Physik geworden ist. Andererseits müssen die heutigen philosophischen Arbeiten über die bloße Anerkennung des Determinismus hinausführen. Es geht darum zu untersuchen, *wie* die Objekte und Prozesse im physikalischen Zusammenhang bedingt und bestimmt sind. Dabei lassen sich Einsichten gewinnen, die möglicherweise für die Untersuchungen in anderen Wissenschaften von heuristischem Wert sind.

In diesem Buch wird der Zusammenhang der dialektisch-materialistischen Determinismuskonzeption mit der modernen Physik (statistische Physik, Quantenphysik und Relativitätstheorie) untersucht. Leider ist es nicht möglich, die Geschichte der hier behandelten Auffassungen in dem Maße mit in die Untersuchungen einzubeziehen, wie das sinnvoll wäre. Ebenso muß auf die ausführliche Darstellung der jeweiligen physikalischen Theorie und die Zusammenfassung der bisher erzielten Ergebnisse philosophischer Diskussionen verzichtet werden. Die physikalische Theorie wird hier nur in dem Umfang eingeführt, wie das für die Behandlung der entsprechenden philosophischen Fragen unumgänglich ist. Am Anfang eines jeden Kapitels werden Hinweise auf physikalisch vollständige Darstellungen gegeben. Philosophische Aussagen führe ich dort ein, wo ich sie erstmals benötige. Eine Zusammenfassung des bisher in unserer philosophischen Forschung erreichten Standes der Determinismusproblematik findet man bei [Hörz, 1974]. Einen repräsentativen Querschnitt der sowjetischen Diskussionen enthält [Sov. Det, 1973].

In Kapitel 1 wird die Problemstellung und die Geschichte des Problems angedeutet. Kapitel 2 enthält die Darstellung der Bewegungsauffassung der klassischen Mechanik sowie deren philosophische Grundlagen und physikalische Grenzen. In Kapitel 3 werden einige philosophische Fragen des Überganges zur Bewegungsauffassung der Quantenmechanik untersucht. Dabei konzentriere ich mich auf die Darstellung nach Feynman und schneide die von dieser Konzeption unabhängigen Probleme der weiteren Entwicklung der Theorie an. In Kapitel 4 wird der philosophische Hintergrund der Begründungsproblematik der statistischen Physik anhand neuerer mathematischer und physikalischer Arbeiten erörtert. Gleichzeitig steht damit die Frage des Überganges von der Bewegungsauffassung der klassischen Mechanik zu der der statistischen Mechanik. Kapitel 3 und 4 lassen deutlich werden, daß zwei relativ eigenständige Gesetzestypen (dynamische und statistische) innerhalb der Physik existieren, deren philosophische Analyse nicht auf ihr metaphysisches Auseinanderreißen sondern ihren dialektischen Zusammenhang führt. Die Besonderheiten des dialektischen Determinismus, die mit der Feldphysik und der globalen Betrachtungsweise der allgemeinen Relativitätstheorie in physikalischen Theorien im Zusammenhang stehen, sind nicht gesondert abgehandelt.

Ihre Betrachtung würde zu einer inhaltlichen Erweiterung, nicht aber zu einer Revision der hier vertretenen Ansichten führen. Probleme der physikalischen Abbildung von Entwicklungsprozessen will der Autor in einer späteren Arbeit behandeln. Im Mittelpunkt dieses Taschenbuches stehen philosophische Fragen der physikalischen Bewegungsauffassung, d. h. der Bedingtheit der Dinge und Prozesse im objektiven Zusammenhang. Da viele Probleme ihrer Bestimmtheit, d. h. des strukturellen Zusammenhanges dadurch physikalisch erfaßt sind, daß man die Zeitabhängigkeit der entsprechenden Bewegungsgleichungen vernachlässigt, ist darin keine wesentliche Einschränkung bei der Behandlung der Determinismusproblematik verbunden. Kapitel 5 faßt einige Ergebnisse in philosophischer Verdichtung zusammen und versucht, Beziehungen zu philosophischen Fragen anderer Wissenschaften deutlich zu machen. Es ist darauf verzichtet worden, konzeptionelle Ausführungen zum Verhältnis von Philosophie und Physik vorzutragen. Vorliegende Arbeit sehe ich trotzdem als einen Beitrag zum Meinungsstreit über die Beziehungen der Philosophie zu den anderen Wissenschaften an. — Ich wende mich in erster Linie an philosophisch interessierte Naturwissenschaftler und Philosophen mit naturwissenschaftlichen Kenntnissen. Deshalb sollten die philosophischen Fragen nicht unabhängig von der mathematischen Form physikalischer Theorien dargestellt werden.

Dem Inhalt meiner Arbeit ist zu entnehmen, warum ich die marxistisch-leninistische Philosophie für befähigt halte, die behandelten philosophischen Fragen in einer auch der Physik genügenden Weise zu lösen.

Auseinandersetzungen mit nicht-marxistischen philosophischen Auffassungen werden nur insofern geführt, als diese mit dem Anspruch auftreten, der „Philosophie der Wissenschaften“ zuzugehören. Dabei geht es in keinem Falle um eine umfassende Kritik der jeweiligen philosophischen Richtung. Das zu leisten steht teilweise noch aus. In vielen Fällen gibt es grundlegende Arbeiten, auf die hier verschiedentlich verwiesen ist. In der Polemik mit diesen philosophischen Richtungen wird versucht, einige ihrer wesentlichen Thesen mit dem behandelten physikalischen Material zu konfrontieren. Gelingt es, dabei Widersprüche aufzuzeigen, sind weitere Bemerkungen über den erhobenen Anspruch auf „Philosophie der Wissenschaften" überflüssig.

In der Polemik mit marxistisch-leninistischen Philosophen wird in keinem Falle deren weltanschauliche Grundhaltung in Frage gestellt. Eine einheitliche Basis des philosophischen Denkens zieht jedoch nicht notwendig Einmütigkeit in allen Detailfragen nach sich.

Der Neopositivismus hat die logische Analyse der Wissenschaftssprache zur einzig legitimen philosophischen Aufgabe erhoben. Wenn hier derartige Untersuchungen nicht angestellt sind, so bedeutet das keinesfalls, daß der Autor dieses Problem generell negiert. Er sieht aber in der logischen Analyse der Sprache nicht das einzige Problem, das die Philosophie zu bewältigen hat. In diesem Zusammenhang sei auf die Schrift von ZINOVEV verwiesen, wo Fragen des genannten Problemkreises untersucht sind.

Den Professoren H. LEY, H. HÖRZ and A. A. VLASOV (Moskau) danke ich für die großzügige Unterstützung und Förderung meiner Arbeit. Prof. B. ČIRIKOV (Nowosibirsk), Prof. SCHMUTZER, Prof. EBELING, Dr. J. W. SAČKOV (Moskau) und Prof. KREMP haben mir durch wertvolle Hinweise geholfen. Dr. ERPENBECK, Dr. GEHLHAR und N. HAGER danke ich für zahlreiche Diskussionen, meiner Frau für Verständnis und Anteilnahme bei der Ausarbeitung des Manuskripts.

Die vorliegende Fassung der Arbeit ist in der anregenden Atmosphäre des Bereichs Philosophische Probleme der Wissenschaftsentwicklung am Zentralinstitut für Philosophie der AdW der DDR entstanden.

Berlin, im Juni 1974

ULRICH RÖSEBERG

Inhaltsverzeichnis

1.	Determinismus oder Indeterminismus?	9
1.1.	Determinismuskonzeptionen in der Physik	9
1.2.	Vom metaphysischen zum dialektischen Determinismus	24
2.	Klassisch-mechanische Bewegungsauffassung	39
2.1.	Ist die NEWTONsche Physik metaphysisch?	39
2.2.	NEWTONsche Bewegungsauffassung	44
2.2.1.	NEWTONsches Bewegungsgesetz	44
2.2.2.	Ist das NEWTONsche Bewegungsgesetz ein „Kausalgesetz"?	51
2.2.3.	Analyse der Bedingungen des NEWTONschen Bewegungsgesetzes	61
2.3.	Bewegungsauffassung nach BORN	76
3.	Von der klassisch-mechanischen zur quantenmechanischen Bewegungsauffassung	84
3.1.	Ein formaler Zugang	84
3.2.	Quantenmechanische Bewegungsauffassung nach FEYNMAN	89
3.3.	Quantenmechanische Bewegungsauffassung und physikalisches Vakuum	95
3.4.	Bemerkungen zur Theorie verborgener Parameter	101
4.	Statistische Bewegungsgesetze und deren Begründungsproblematik	104
4.1.	Begründungsproblematik der statistischen Physik	104
4.1.1.	Theorie der Gleichgewichtszustände	104
4.1.2.	Nichtgleichgewichtsprozesse	119
4.2.	Umkehr der Begründungsproblematik	134
4.3.	Statistische Gesetze in dynamischen Systemen	138
5.	Schlußbemerkungen	149
Anmerkungen		167
Literaturverzeichnis		192
Sachverzeichnis		203
Namenverzeichnis		205

1. Determinismus oder Indeterminismus?

1.1. Determinismuskonzeptionen in der Physik

Die Kenntnis physikalischer Gesetze ist eines der wesentlichsten Ziele physikalischer Forschung.[1]) Gesetze physikalischer Theorien stellen immer dialektisch-materialistische Abbilder objektiver Naturgesetze dar, sind also Abbildungen *materieller* Beziehungen in wissenschaftlichen Theorien. Objektiv soll hier im dialektisch-materialistischen Sinne subjektunabhängig heißen. Damit wird die Existenz des Erkenntnisobjektes auch unabhängig vom Erkenntnissubjekt anerkannt, ohne Erkenntnisobjekt und Erkenntnissubjekt im Erkenntnisprozeß metaphysisch auseinanderzureißen. In den experimentellen Abschnitten dieses Prozesses stehen beide vielmehr in enger, materieller Wechselbeziehung, wodurch Erkenntnis erst ermöglicht wird. Insbesondere läßt sich bei der notwendig dialektischen Betrachtungsweise das Objekt nicht als logische Negation des Subjekts und umgekehrt fassen,[2]) wie das in der neopositivistisch ausgerichteten analytischen Philosophie zu finden ist.

Naturgesetze sind immer allgemein-notwendige und wesentliche Zusammenhänge. Allgemein-notwendig meint dabei einer bestimmten Klasse von Objekten mit Notwendigkeit zukommend. Wesentlich bedeutet, den Charakter des Zusammenhangs bestimmend. Dieser Zusammenhang kann sowohl zeitunabhängig als auch zeitabhängig sein. Im ersten Falle handelt es sich um statische Gesetze, Struktur- und Erhaltungsgesetze, im zweiten sind es Bewegungsgesetze, die im Unterschied zu den statischen auch oft als dynamische bezeichnet werden.

Die Kenntnis der Gesetze allein reicht aber für Erklärung und Voraussage physikalischer Erscheinungen nicht aus. Ebenso bedeutsam ist die Kenntnis der Wirkungsbedingungen, d. h. Kenntnis der Gesamtheit der für das Wirken des entsprechenden Gesetzes notwendigen und hinreichenden Bedingungen.

Die bekannten physikalischen Gesetze stehen immer innerhalb eines bestimmten theoretischen Rahmens, sind Bestandteile verschieden vollkommener physikalischer Theorien. Derartige Theorien stellen ideelle Strukturen zur Abbildung einer Klasse von Gesetzen (auch Gesetzmäßigkeiten genannt) für einen bestimmten Objektbereich dar. Für Untersuchungen philosophischer Fragen der Physik stellen die existierenden physikalischen Theorien und der Theoriebildungsprozeß seine Geschichte zur Verfügung. Auf einige philosophische Voraussetzungen dieses Ausgangsmaterials muß zu Beginn unserer Erörterungen hingewiesen werden. Dabei ist zu beachten, daß diese Voraussetzungen dem Material kaum explizit zu entnehmen sind.

In allen zu betrachtenden wissenschaftlichen Gesetzen werden Zusammenhänge materieller Objekte und Prozesse abgebildet, also solche Zusammenhänge, die außerhalb und unabhängig vom menschlichen Bewußtsein existieren. Da der philosophische Materialismus eben an die Anerkennung dieser außerhalb und unabhängig vom menschlichen Bewußtsein existierenden materiellen Objekte und Prozesse und ihrer materiellen Beziehungen[3]) sowie deren Abbildbarkeit im menschlichen Bewußtsein gebunden ist, ist er *die* philosophische Voraussetzung aller physikalischer Theorien. *Es gibt keine idealistischen physikalischen Theorien!* Wir werden noch sehen, daß das nicht bedeutet, es gäbe keinen „*physikalischen Idealismus*". Diese auf philosophische Fehlinterpretationen physikalischer Theorien hinauslaufende philosophische Strömung steht heute international nicht mehr so im Vordergrund wie etwa Mitte der 50er Jahre, sie ist aber keinesfalls verschwunden. Auf sie trifft die in „Materialismus und Empiriokritizismus" von LENIN erarbeitete Einschätzung nach wie vor zu (LW 14, 249—316).

Eine den philosophischen Materialismus präzisierende Voraussetzung besteht darin, daß die materiellen Objekte und Prozesse miteinander im Zusammenhang stehen und dieser Zusammenhang nirgends unterbrochen ist. Ohne die Existenz eines solchen Zusammenhanges gäbe es keine Gesetze. Somit ist also der Determinismus — „die Anerkennung der Bedingtheit und Bestimmtheit der Objekte und Prozesse im und durch den objektiven Zusammenhang mit anderen Objekten und Prozessen" [Hörz, 1974 a, 11] eine philosophische Voraussetzung, die allen physikalischen Theorien zugrundeliegt.[4]) Diese Voraussetzung ist zweifellos an den philosophischen Materialismus und die Einheit der Welt in ihrer Materialität gebunden.

Der Sache nach[5]) werden die genannten philosophischen Voraussetzungen physikalischer Theorien (Materialismus, Determinismus) mindestens von der überwältigenden Mehrzahl aller Physiker anerkannt. Das gilt auch für diejenigen, die dem dialektischen und historischen Materialismus fernstehen. Bis zum Erkenntnisoptimismus sind sie bereit, die Grundaussagen dieser Philosophie zu akzeptieren. Wäre die Welt nicht erkennbar, blieben auch physikalische Forschungsresultate aus. Deshalb gehen selbst jene bürgerlichen Physiker, die dem Agnostizismus das Wort reden, in ihrer Forschungsarbeit praktisch von der Erkennbarkeit der Welt aus.

Es muß nicht sonderlich betont werden, daß Anerkennung der genannten Voraussetzungen in der physikalischen Forschung noch nicht heißt, damit sei der dialektische und historische Materialismus insgesamt automatisch anerkannt oder gar Grundlage des gesellschaftlichen Handelns solcher Physiker. Es sind auf diese Weise wesentliche Grundaussagen akzeptiert, die allerdings viele bürgerliche Wissenschaftler nicht für die Gesellschaft angewendet wissen wollen. Sie vermögen nicht ohne weiteres ihre klassenmäßig bestimmten Traditionen (vermittelt durch Erziehung, Bildung, Berufs- und Familienleben; die Gesamtheit ihrer gesellschaftlichen Beziehungen) zu durchbrechen und die Grundlage der

Weltanschauung der Arbeiterklasse zu ihrer eigenen Philosophie zu machen. Das nur kann sie in die Lage versetzen, die ihrer Arbeit entnommenen philosophischen Erkenntnisse in eine Natur, Gesellschaft und menschliches Denken umfassende einheitliche Weltanschauung einzugliedern und dementsprechend zu handeln.

Eine oberflächliche Durchsicht der expliziten philosophischen Aussagen vieler bürgerlicher Physiker belehrt uns — im scheinbaren Gegensatz zu den getroffenen Feststellungen, daß ihnen aber Materialismus, Erkennbarkeit der Welt und Determinismus häufig alles andere als selbstverständliche philosophische Voraussetzung ihrer Theorien sind.[6]) Woran liegt das?

Häufig kommt es vor, daß sie von anderen Begriffen ausgehen. Oft bedeutet ihnen Materialismus mechanischer Materialismus. Determinismus wird mit LAPLACEschem Determinismus identifiziert. Gibt man diese Begriffe zunächst einmal zu, dann muß man ihre Auffassungen so lange unterstützen, wie diese Physiker nicht in Unkenntnis des dialektischen Materialismus über die berechtigte Kritik am mechanischen Materialismus zum Idealismus gelangen. Der „physikalische Idealismus" zeigt tatsächlich auf das eindringlichste, wie metaphysischer Materialismus wegen seiner Ignoranz der materialistischen Dialektik in Idealismus abgleitet. Das kann nur der bewußte Übergang zum dialektischen Materialismus verhindern.

Viele bürgerliche Physiker bringen dieser Philosophie aber weltanschauliche Vorbehalte entgegen, die teilweise auf Unkenntnis zurückgehen und verschiedentlich bewußt ideologisch motiviert sind. Letzteres läßt sie dann eine solche philosophische Position beziehen, die ihre Distanz zum Gedankengut des Marxismus-Leninismus und damit zum Kommunismus zeigen soll.[7]) In beiden Fällen treffen sie philosophische Aussagen, die dem widersprechen, was sie als Physiker annehmen müssen.

Marxistisch-leninistische Philosophie muß unbedingt über die Analyse solcher Widersprüche hinausgehen.

Denn neben weltanschaulichen Fragen werden in derartigen Diskussionen immer wieder erkenntnistheoretische und methodologische Fragen aufgeworfen, deren Bezug zur Weltanschauung zunächst nicht deutlich ist. Ihre Lösung hat jedoch sehr oft neben grundsätzlichen Orientierungen der physikalischen Forschung ideologische und weltanschauliche Konsequenzen. Die Fragen des Determinismus gehören genau zu dieser Kategorie philosophischer Probleme.

1795 formulierte LAPLACE in seinem berühmt gewordenen „Philosophischen Versuch über die Wahrscheinlichkeit": „Wir müssen also den gegenwärtigen Zustand des Weltalls als die Wirkung seines früheren und als die Ursache des folgenden Zustandes betrachten. Eine Intelligenz, welche für einen gegebenen Augenblick alle in der Natur wirkenden Kräfte sowie die gegenseitige Lage der sie zusammensetzenden Elemente kennte, und überdies umfassend genug wäre, um diese gegebenen Größen der Analysis zu unterwerfen, würde in derselben Formel die Bewegungen der größten Weltkörper wie des leichtesten Atoms umschließen, nichts würde ihr ungewiß sein und Zukunft wie Vergangenheit würden ihr offen vor Augen liegen" [LAPLACE, 1–2].

Damit war der mechanische Determinismus in klarer Weise ausgesprochen. Er versteht sich als philosophische Verallgemeinerung der klassischen Mechanik und ist ein tragender Bestandteil des mechanischen Materialismus. Inwiefern diese Verallgemeinerung berechtigt ist, soll in Kapitel 2 zur Sprache kommen.

Im mechanischen Determinismus ist zwischen Voraussagbarkeit und Vorausbestimmtheit nicht unterschieden, Determinismus, Kausalität und Gesetz stehen auf einer Stufe; es ist dies die der einzigen Zusammenhangsform in der objektiven Realität. Möglichkeit und Wirklichkeit werden nicht explizit unterschieden, Mögliches wird notwendig Wirklichkeit.

LAPLACE hatte einen schwachen Abglanz dieser „Intelligenz" (heute geistert sie als „Laplacescher Dämon" durch die philosophische Literatur) im menschlichen Geist gesehen, den dieser in der Vollendung der damals vorliegenden Himmelsmechanik erreicht hatte. Dem nach Wahrheit strebenden Wissenschaftler wurde aber gleichzeitig verkündet: „Alle diese Bemühungen beim Aufsuchen der Wahrheit wirken dahin, ihn (den Menschen U. R.) unablässig jener Intelligenz näher zu bringen, ... der er aber immer unendlich ferne bleiben wird" [LAPLACE, 2].

Der Ansatz des von LAPLACE zum Ausdruck gebrachten Determinismus ist also nicht in seinem erkenntnistheoretischen Sinne metaphysisch. Die Dialektik des Erkenntnisprozesses klingt an. In den hier wiedergegebenen Zitaten ist eine idealistische Interpretation nicht auszuschließen. Die Kentnnis des ganzen Werkes hingegen läßt diesen Schluß nicht zu.

Mit diesem erkenntnistheoretischen Ansatz muß es korrekt erscheinen, wenn A. D. ALEKSANDROV den rationellen Kern der LAPLACEschen Behauptung in folgendem sieht: Die einen jeden Prozeß wiederholbar machenden Bedingungen, also die den Prozeß determinierenden Bedingungen werden im Laufe der Entwicklung wissenschaftlicher Theorien immer exakter erfaßt, sie bilden eine „Folge sich präzisierender Determinismen". Gefragt ist, ob diese Folge konvergiert (im mathematischen Sinne). Das kann von LAPLACE als bejaht unterstellt werden. Von der materialistisch-dialektischen Philosophie muß das in Übereinstimmung mit den einzelwissenschaftlichen Kenntnissen unserer Zeit neu durchdacht werden [RÖSEBERG, 1971].

In der Physik ist offensichtlich, daß der LAPLACEsche Determinismus in Bindung an seine mechanische Form nicht aufrechtzuerhalten ist. In 1.2 wird ausgeführt, daß das natürlich in weit größerem Maße für die anderen Wissenschaften gilt, insbesondere für die Gesellschaftswissenschaften. Der LAPLACEsche Determinismus ist aber keinesfalls notwendig an seine mechanische Form gebunden. Er kann auch von dieser getrennt und auf eine bis auf den heutigen Tag diskussionswürdige Determinismuskonzeption physikalischer Theorien gebracht werden, die im weiteren *Determinationstyp I* genannt ist.[8])

Im Determinationstyp I bestimmt ein vollständiger Satz physikalischer Meßgrößen (Observable) den Zustand eines physikalischen Systems. Der Zustand des physikalischen Systems zu einem bestimmten Zeitpunkt determiniert eindeutig den Zustand dieses Systems zu jedem beliebigen anderen Zeitpunkt (in Vergangenheit und Zukunft). Eineindeutigkeit kann nicht verlangt werden, weil das Kreisprozesse ausschließen würde. Die Elektrodynamik genügt diesem Determinationstyp ebenso wie die phänomenologische Thermodynamik und die klassische Mechanik.

Mit der Entwicklung kinetischer Theorien und der statistischen Thermodynamik wurde ein anderer Determinationstyp in physikalischen Theorien eingeführt. Er sei *Determinationstyp II* genannt. Für ihn wird nicht gefordert, daß der Zustand eines physikalischen Systems durch einen vollständigen Satz physikalischer Meßgrößen bestimmt ist. Wahrscheinlichkeitsverteilungen physikalischer Meßgrößen bzw. andere wahrscheinlichkeitstheoretisch interpretierbare Größen des physikalischen Systems zu einem bestimmten Zeitpunkt determinieren eindeutig entsprechende Größen zu jedem beliebigen anderen Zeitpunkt. Die Art der jeweiligen Zustandsgrößen gehört zur Spezifik der diesem Determinationstyp unterliegenden Theorien.

Damit entstand die Frage nach den Beziehungen der beiden Determinationstypen zueinander. Es ist dies eine bis auf den heutigen Tag nicht endgültig gelöste Frage. Ihre sinnvolle Formulierung lautet: Ist es prinzipiell möglich, alle physikalischen Theorien auf dem Determinationstyp I aufzubauen, sind mindestens beide Determinationstypen notwendig oder sollten alle physikalischen Theorien den Determinationstyp II zugrundelegen?

Der LAPLACEsche Determinismus war in seiner mechanischen Form offenkundig metaphysisch. Objektive

Naturdialektik existierte für ihn nicht. Die Materie wurde nicht in ihrer Selbstbewegung betrachtet. Entwicklung war ausgeschaltet. Die Natur galt als fertiges Ding. Inwiefern das für den Determinationstyp I auch gilt, müssen weitere Untersuchungen aufklären.

Es ist zu betonen, daß die hier getroffene Unterscheidung der Determinationstypen I und II ausschließlich die *mathematische Form* der physikalischen Theorie meint, während die noch einzuführende Unterscheidung dynamischer und statistischer Gesetze die *physikalischen* Gesetze selbst und ihre Abbildung in der physikalischen Theorie zum Inhalt hat. Werden also zwei Determinationstypen unterschieden, sind die entsprechenden physikalischen Theorien ausschließlich als mathematische behandelt. Werden dynamische und statistische Gesetze unterschieden, geht es immer um physikalische Theorien, die selbstverständlich mathematisiert sind.

Faßt man den mechanischen Determinismus von LAPLACE als *physikalische* Determinismuskonzeption auf (läßt also die über die Physik hinausweisende philosophische Verallgemeinerung des mechanischen Materialismus weg), dann ist deren mathematische Form ein Spezialfall des Determinationstyps I. Aber bereits in diesem Spezialfall ist keineswegs verlangt, auf den Wahrscheinlichkeitsbegriff überhaupt zu verzichten. Er ist dort ein akzeptiertes und praktisch unverzichtbares Hilfsmittel. Die Einschränkung gegenüber später betrachteten allgemeineren Fällen dieses Determinationstyps besteht darin, daß der Wahrscheinlichkeitsbegriff im Sinne von LEIBNIZ als Grad unseres Wissens verstanden wird. Er ist keine Größe zur Charakterisierung einer objektiven Eigenschaft, wie etwa dem Ort eines Körpers in dem mit einem anderen Körper verbundenen Bezugssystem. Vielmehr bringt er unser objektiviertes Wissen über den Grad der Möglichkeit einer objektiven Eigenschaft zum Ausdruck, also im Beispielfall den Grad der Möglichkeit, den Körper an einem bestimmten Ort anzutreffen. Objektiviert ist das Wissen dabei in dem Sinne, daß keine, die getroffenen

Aussagen falsifizierenden Ereignisse, eintreten können. Es handelt sich nicht um subjektiv Erwartetes, sondern um objektiv Mögliches.

Das war ebenfalls LAPLACES Verständnis des Wahrscheinlichkeitsbegriffes: „Die von einem einfachen Luft- oder Gasmolekül beschriebene Kurve ist in ebenso sicherer Weise geregelt, wie die Planetenbahnen: es besteht zwischen beiden nur der Unterschied, der durch unserere Unwissenheit bewirkt wird“ [LAPLACE, 3].

Eine metaphysische Trennung von Gewißheit und Wahrscheinlichkeit, wie sie in der neopositivistischen Philosophie vorgenommen wird,[9]) ist keinesfalls die notwendige Konsequenz. Konstituierendes Element der Entwicklung mathematischer Wahrscheinlichkeitstheorie war der Versuch bislang Unerkanntes in Bekanntes zu überführen. Das kommt ganz deutlich bei LAPLACE zum Ausdruck, der betont hatte, „daß die Wahrscheinlichkeitstheorie nichts Willkürliches in der Art der Verwertung der Beobachtungsfehler übrig läßt: sie gibt für diese Verwertung die vorteilhaftesten Formeln, nämlich diejenigen, welche die betreffs der Resultate zu befürchtenden Fehler möglichst vermindern“ [LAPLACE, 63].

„Wir sind so weit davon entfernt, alle Agentien der Natur und ihre mannigfachen Arten der Wirksamkeit zu kennen, daß es wenig philosophisch wäre, die Phänomene einzig deshalb zu leugnen, weil sie dem gegenwärtigen Zustande unserer Kenntnis unerklärlich sind. Nur müssen wir sie mit um so gewissenhafterer Aufmerksamkeit prüfen, je schwieriger es uns erscheint, sie gelten zu lassen; hier wird eben die Wahrscheinlichkeitsrechnung unerläßlich“ [LAPLACE, 81]. Das macht deutlich, daß die Entwicklung der Wahrscheinlichkeitstheorie durch LAPLACE keinesfalls notwendig mit seiner Determinismuskonzeption in Konflikt geraten mußte, wie das auf den ersten Blick scheinen mag.

Da LAPLACE den Zufall in Form von Störungen eindeutig vorherbestimmter Ereignisse auf Grund naturwissenschaftlicher Befunde seiner Zeit schon nicht mehr negieren konnte, kam er zu dem Schluß: „Der Himmel selbst ist trotz der Ordnung seiner Bewegungen nicht unveränderlich“ [LAPLACE, 134].

Damit geriet er mit dem mechanischen Determinismus in Konflikt, der möglicherweise mit dem allgemeineren Determinationstyp I zu vermeiden ist. Das läßt sich dann entscheiden, wenn es zu zeigen gelingt, daß in einer diesem Determinationstyp entsprechenden physikalischen Theorie Qualitätsumschläge abbildbar sind. Diese Frage unterliegt der weiteren Untersuchung.[10])

Das Charakteristische der Theorien vom Determinationstyp II ist die Existenz statistischer Gesetze, die zunächst als Gesetze gekennzeichnet seien, in denen nur Wahrscheinlichkeitsaussagen vorkommen. Mit ihrem Auftauchen stand die Frage nach den Reduktionsmöglichkeiten auf Gesetze des bis dahin bekannten Typs.

Das Verhältnis dynamischer und statistischer Gesetze wurde Gegenstand noch heute anhaltender Diskussionen.[11])

PLANCK bestimmte dynamische Gesetze als „streng kausale“ [PLANCK, 1944, 57]. Eine Ursache bringt notwendig eine Wirkung hervor. Diese auch als „Kausalgesetz“ bezeichnete Beziehung ist für ihn mit Gesetzmäßigkeit schlechthin identisch. Zwar haben auch die statistischen Gesetze ihre Berechtigung. Neben den dynamischen dürfen sie jedoch „nicht etwa als koordinierend nebeneinanderstehend aufgefaßt werden. Denn während ein dynamisches Gesetz dem Kausalbedürfnis vollständig genügt und daher einen einfachen Charakter trägt, stellt jedes statistische Gesetz ein Zusammengesetztes vor, bei dem man niemals definitiv stehenbleiben kann, da es stets noch das Problem der Zurückführung auf seine einfachen dynamischen Elemente in sich birgt. Die Lösung derartiger Probleme bildet eine der Hauptaufgaben der fortschreitenden Wissenschaft; an ihnen arbeitet die Chemie in gleicher Weise wie die physikalischen Theorien ...“ [PLANCK, 1944, 64].

Dieser Auffassung begegnete der Wiener Physiker FRANZ EXNER, Anregungen BOLTZMANNS folgend, mit der diametral entgegengesetzten Position: „Nichts hindert uns, in den sogenannten dynamischen Gesetzen nur die idealen Grenzfälle zu erblicken, denen die realen statistischen Gesetze bei höchsten Graden der Wahrscheinlichkeit zustreben" [Exner, 701].

Dieser Standpunkt wurde von einigen Physikern und Mathematikern noch extremer formuliert (alle Naturgesetze sind statistische Gesetze). Er wirkt heute vor allen Dingen über die Arbeiten R. v. Mises zur Wahrscheinlichkeitstheorie nach.

Sowohl Planck als auch Exner waren dem mechanisch-materialistischen Denken der Naturwissenschaftler des 19. Jahrhunderts verhaftet. Während Planck versuchte, seine Quantenhypothese nahtlos in die klassische Physik zu integrieren, konnte Exner nicht auf den Äther verzichten, dem er eine atomistische Konstitution und eine Masse zuschrieb.

Planck wandte sich scharf gegen die philosophischen Ansichten Machs, der mit subjektiv-idealistischen Argumenten die Boltzmannsche Atomhypothese lange auf das heftigste bekämpft hatte. Im Unterschied zu Exner erkannte Planck frühzeitig die Gefahr, die der Entwicklung der Physik durch den „physikalischen Idealismus" entsteht.

In dieser Zeit waren aber die Unterschiede an weltanschaulicher Klarheit bei beiden Autoren relativ unerheblich. Ihre extrem entgegengesetzten Auffassungen zum Verhältnis dynamischer und statistischer Gesetze lassen sich darüber hinaus weltanschaulichen Grundpositionen nicht eindeutig zuordnen. Der Materialismus wurde in beiden physikalischen Determinismuskonzeptionen (Priorität dynamischer Gesetze — Planck, Priorität statistischer Gesetze — Exner) nicht ernsthaft in Frage gestellt. Idealistisch zu deutende philosophische Behauptungen eines prinzipiellen „Indeterminismus" und der „Akausalität" spielten in der Konzeption, die von der Priorität statistischer Gesetze ausging, zunächst eine relativ geringe Rolle. Die an die Existenz von Wahrscheinlichkeitsaussagen in physikalischen Gesetzen geknüpften agnostizistischen Auffassungen hielten weder die physikalsche Forschung auf, noch erlangten sie deshalb in den philosophischen Diskussionen außerhalb der Physik besondere Popularität.

Auf jener Stufe der Erkenntnis handelte es sich also in erster Linie um erkenntnistheoretische und methodologische Probleme. Insofern gefragt war, ob die Welt letztlich dynamischen oder statistischen Gesetzen gehorcht, war eine weltanschauliche Frage gestellt. Aber erst durch die eine oder andere naturwissenschaftlich begründete Entscheidung, die es damals noch nicht gab, konnte eine solche Frage innerhalb weltanschaulich-ideologischer Auseinandersetzungen brisant werden.

Die Situation änderte sich in der Mitte der 20er Jahre. 1925—1927 wurde mit den Arbeiten von Heisenberg, Born, Jordan, Dirac und Schrödinger ein tragfähiger Ansatz für die von der klassischen Mechanik unterschiedene Quantenmechanik entwickelt. Wesentliche Vorleistungen waren von Planck, Rutherford, Sommerfeld, de Broglie, Bohr u. a. erbracht worden. Mit den Diskussionen zur Interpretation der Theorie und ihrem weiteren Ausbau rückten neben den erkenntnistheoretischen und methodologischen Fragen der Determinismusproblematik die weltanschaulichen Aspekte viel stärker in den Vordergrund. Diese gewannen in dem Maße an Bedeutung, wie die von den imperialistischen Staaten ausgehende Atomkriegsgefahr seit 1945 die Weltöffentlichkeit erregte. In diesem Zusammenhang kam es dann auch zu den politisch hochbrisanten Diskussionen um die Verantwortung des Wissenschaftlers in der Gesellschaft, die heute vor allem im Zusammenhang mit den Ergebnissen der Genetik und anderer Wissenschaften fortgeführt werden.

In seinen der Interpretation der Schrödingerschen ψ-Funktion gewidmeten Arbeit über die „Quantenmechanik der Stoßvorgänge" betonte Born 1926 die Möglichkeit zur Beibehaltung „der gewöhnlichen Vorstellungen von Raum und Zeit, in denen sich die Ereignisse in ganz normaler Weise abspielen“ (zitiert nach [Ludwig, 1969, 259]). Dagegen ist die als eindeutige Voraussagbarkeit verstandene kausale Bestimmtheit des Einzelereignisses nicht mehr aufrechtzuerhalten. Das wird von Born „Indeterminismus“ genannt. „Die Bewegung der Partikeln folgt Wahrscheinlichkeitsgesetzen, die Wahrscheinlichkeit selbst aber breitet sich im Einklang mit dem Kausalgesetz aus ... Das heißt so, daß die Kenntnis des Zustandes in allen Punkten in einem Augenblick die Verteilung des Zustandes zu allen späteren Zeiten festlegt“ (zitiert nach [Ludwig 1969, 239]).

Es ist klar, daß Borns „Indeterminismus“ nichts mit einer idealistisch deutbaren Unterbrechung des Gesamtzusammenhanges materieller Objekte und Prozesse zu tun hat.

Der in der marxistisch-leninistischen Philosophie eindeutig bestimmte Determinismus ist also keinesfalls außer Kraft gesetzt. Vielmehr ist eine ältere physikalische Form, nämlich die der klassischen Physik, an ihre Grenzen gestoßen.

Trotzdem sind die Bornschen Überlegungen ebenso wie die anderer Physiker zu diesem Gegenstand immer wieder von bürgerlichen Philosophen und Physikern aufgegriffen und gegen die „einheitliche, Theorie und Praxis umfassende, auf dem Determinismus aufgebaute Weltanschauung“ [LW 14, 188] der Arbeiterklasse gerichtet worden.[12])

Derartige „Widerlegungen“ marxistisch-leninistischer Philosophie sind nach zwei Prinzipien aufgebaut. Entweder setzen sie die zu beweisenden idealistischen Schlußfolgerungen selbst schon voraus, oder sie unterstellen den dialektischen Materialismus als mechanischen Materialismus bzw. eine andere metaphysische Form des Materialismus, gegen die dann in physikalisch sinnvoller Weise vorgegangen wird. Diese ideologischen und weltanschaulichen Angriffe lassen sich relativ leicht zurückweisen. Die erkenntnistheoretischen und methodologischen Fragen sind dadurch aber keineswegs aus der Welt.

Es wird nach wie vor darüber diskutiert, ob es „weitere, noch nicht in die Theorie eingeführte Parameter gibt, die das Einzelereignis determinieren" (Born in [Ludwig, 1969, 259]). Born hatte das ursprünglich nicht ausgeschlossen, später jedoch kategorisch verneint. Bohr, Heisenberg, Pauli, C. F. v. Weizsäcker u. a. haben immer wieder darauf verwiesen, daß die Konzeption verborgener Parameter wegen ihrer starken Anlehnung an die klassische Mechanik recht unwahrscheinlich sei. Einstein, Planck, de Broglie u. a. gingen bzw. gehen davon aus, daß es derartige Parameter gibt. J. v. Neumann hat einen mathematischen Beweis geliefert, nach dem sich verborgene Parameter nicht widerspruchsfrei in die gegenwärtige Quantenmechanik einfügen lassen. Ernstzunehmende Überlegungen laufen deshalb jetzt auf eine Modifikation des theoretischen Rahmens der Quantenmechanik selbst hinaus, ohne allerdings seine bisher experimentell bestätigten Aussagen in Frage zu stellen. Keine der vorgeschlagenen Konzeptionen verborgener Parameter konnte bislang experimentell bestätigte Modifikationen der bekannten Theorie aufweisen. Allerdings ist auch kein Grund angebbar, derartiges Testen von Theorien verborgener Parameter gänzlich aufzugeben.

Da auch die Begründungsproblematik der statistischen Physik weiter diskutiert wird, wahrscheinlichkeitstheoretische Forschungsmethoden in immer neuen Gebieten wissenschaftlicher Forschung erfolgreich angewandt werden und stochastische bzw. statistische Gesetze keineswegs mehr nur auf die Physik beschränkt sind, wird immer wieder die Frage gestellt, ob die Welt letztlich dynamischen oder statistischen Gesetzen unterliege.

Im Sinne des von der marxistisch-leninistischen Philosophie benutzten Determinismusbegriffes besteht kein Zweifel daran, daß die objektive Realität determiniert ist. In den einzelwissenschaftlichen Arbeiten wird erforscht, *wie* die objektive Realität determiniert ist.

Dabei hat es sich gezeigt, daß der philosophische Determinismus weder an eine bestimmte mathematische Form (Determinationstyp I oder II) noch an eine bestimmte einzelwissenschaftliche Form (wie im mechanischen Materialismus an die klassische Mechanik) gebunden ist. Die physikalische Forschung beweist, daß es in der objektiven Realität unterschiedliche Zusammenhangsformen gibt. In der Physik wird gefragt, ob die dynamischen und statistischen Gesetze im Rahmen eines mathematischen Determinationstyps erfaßbar sind oder ob für die mathematische Fassung physikalischer Theorien zwei bzw. noch mehr verschiedene Determinationstypen erforderlich sind.

Neben den Fragen des Verhältnisses dynamischer und statistischer Gesetze gibt es in der Physik noch eine Reihe von Problemen, die den Determinismus im gesamten Universum betreffen (Wärmetodhypothese, Erhaltungssätze, kosmologische Weltmodelle u. a.).

Die Unterschiede in den objektiven Zusammenhangsformen sind ebenso relativ wie in den Bewegungsformen. Es ist zu beachten, was ENGELS allgemeingültig für den dialektischen Materialismus festgestellt hat: „Die Erkenntnis, daß diese Gegensätze und Unterschiede in der Natur zwar vorkommen, aber nur mit relativer Gültigkeit, daß dagegen jene ihre vorgestellte Starrheit und absolute Gültigkeit erst durch unsre Reflexion in die Natur hineingetragen ist — diese Erkenntnis macht den Kernpunkt der dialektischen Auffassung der Natur aus“ [MEW 20, 14].

Deshalb kann es nicht Ziel einer philosophischen Untersuchung sein, das Primat dynamischer oder statistischer Gesetze festzustellen.[13]) Es muß vielmehr darum gehen, die vielfältigen Übergänge und Zusammenhänge der beiden Gesetzestypen und der jeweils dazugehörigen Bedingungsgefüge aufzuklären. Dabei ist zu beachten: „Die Dialektik erheischt die allseitige Berücksichtigung der Wechselbeziehungen in ihrer konkreten Entwicklung, nicht aber das Herausreißen eines Stückchens von diesem, eines Stückchens von jenem“ [LW 32, 82]. Sie bleibt nicht beim „Sowohl als auch“ stehen.

Materialistische Dialektik muß Ausgangspunkt der Untersuchungen sein. Metaphysischer Materialismus ist immer der Gefahr ausgesetzt, in Idealismus abzugleiten. Dies ist von LENIN in „Materialismus und Empiriokritizismus“ überzeugend nachgewiesen und hat sich in der nachfolgenden Wissenschaftsentwicklung vielfach bestätigt.

Die Notwendigkeit der Abgrenzung unserer Determinismuskonzeption zum philosophischen Indeterminismus oder einer idealistisch aufgefaßten Determination des physikalischen Geschehens ist mit den bisherigen Ausführungen deutlich geworden. Im weiteren geht es vor allen Dingen darum, den Übergang vom metaphysischen zum dialektischen Determinismus zu untersuchen. Historisch war der Übergang vom Determinismus des mechanischen Materialismus zu dem des dialektischen Materialismus für die Physik und die anderen Wissenschaften von entscheidender Bedeutung. Heute gilt es zu berücksichtigen, daß metaphysische Determinismuskonzeptionen nicht nur an die klassische Mechanik anknüpfen können. Alle einzelwissenschaftlichen Theorien lassen sich so „verallgemeinern“, daß sie in metaphysischen Determinismus münden. Dessen eingedenk soll vor Beginn der Untersuchungen der Fragen des Determinismus in den einzelnen physikalischen Theorien die angewandte Methode geschildert werden. Dabei wird jene — wie mir scheint entscheidende — Hypothese formuliert, die es bei der Analyse mathematisierter Theorien verhindert, in metaphysische Determinismuskonzeptionen abzugleiten.

1.2. Vom metaphysischen zum dialektischen Determinismus

Die von GALILEI eingeleitete Entwicklung der Physik hatte nach NEWTONS „Philosophiae naturalis principia mathematica“ (1681) zur „Mechanisierung des Weltbildes“ [MAIER], [DIJKSTERHUIS] geführt. Im Anschluß an die Arbeiten EULERS, BERNOULLIS und der französischen Mathematiker D'ALEMBERT, LAGRANGE, LAPLACE, LEGENDRE u. a. entstand die sich im 19. Jh. zunächst noch mehr verfestigende Überzeugung, daß die gesamte Physik auf mechanischer Grundlage aufgebaut werden könne. Dies wollen wir das *physikalische Programm des mechanischen Materialismus* nennen. Beim Versuch seiner Realisierung sind über lange Zeit immer tiefere Einsichten in die Gesetzmäßigkeiten der Natur gewonnen worden. Solange es nicht gescheitert war, sondern physikalische Resultate lieferte, ist es aus verständlichen Gründen nicht in Frage gestellt worden. Aber gerade der Erfolg dieses Forschungsprogrammes erzeugte Vorstellungen, die den weiteren wissenschaftlichen Fortschritt hemmen sollten.

„Das gesamte neunzehnte Jahrhundert hindurch herrschte in der Physik das Gefühl, daß endlich die ‚Wahrheit‘ aufgedeckt werde. Die mechanischen Modelle verkörperten wirkliches Wissen, und die wirkliche Natur der Materie wurde entschlüsselt“ [TRICKER, 59]. In der Tat wurden die in der klassischen Mechanik beschriebenen mathematischen Zusammenhänge mit denen in der objektiven Realität selbst identifiziert. Die mathematischen Strukturen dieser Theorie wurden in die objektive Realität hineinprojiziert, aus der sie vorher abgehoben waren. Dieser ursprüngliche Abbildungsprozeß ist aber keinesfalls mechanistisch verlaufen. Wie wir noch zeigen werden, liegt auch der klassischen Mechanik ein dialektisches Abbildverfahren zugrunde, das aus einer Einheit von Abbildung und Entwurf besteht. Nur die Vernachlässigung des zweiten Aspektes führte zu metaphysischen Vorstellungen. Der Erkenntnisprozeß wurde in Analogie mit dem Blick in den Spiegel betrachtet. Später sprach man vom einfachen Fotografieren. Das diskreditierte schließlich den Widerspiegelungscharakter physikalischer Theorien und führte beim Versagen der klassischen Mechanik für große Geschwindigkeiten zu Auffassungen, nach denen all unsere Theorien lediglich Konventionen sind (Konventionalismus — ein Spezialfall des „physikalischen Idealismus“).

Die Identifikation der mathematischen Strukturen der klassischen Mechanik mit den Zusammenhängen der objektiven Realität und ein mechanistisches Abbildverhältnis waren in der Regel philosophisch mit dem physikalischen Programm des mechanischen Materialismus gekoppelt. Sie gehören zu den Bestimmungsstücken dieser philosophischen Strömung, deren wesentlichstes Kennzeichen der Versuch einer Reduktion aller Bewegungen auf mechanische Bewegung ist. Mechanische Ortsveränderung gilt als einzigmögliche Bewegungsform.

Der metaphysische und mechanische Materialismus des 18./19. Jahrhunderts ist erst auf der Basis der ausgearbeiteten klassischen Mechanik möglich geworden.[14]) Im 19. Jahrhundert war er die unter Physikern am weitesten verbreitete philosophische Auffassung und kam in der bürgerlichen Philosophie dieser Zeit insbesondere durch Feuerbach wieder zu Ansehen. Philosophisch stand er vor allem in Konkurrenz zum objektiven Idealismus Hegels. Dessen spekulative Naturphilosophie hatte unter Physikern eine heftige Abneigung gegen die Philosophie überhaupt erzeugt,[15]) die sich teilweise im Positivismus Comtes kanalisierte. Comte, der sich gleichzeitig gegen Hegel und den mechanischen Materialismus wandte, gelangte in der zweiten Hälfte des 19. Jahrhunderts deshalb nicht zu größerer Wirksamkeit, weil das physikalische Programm des mechanischen Materialismus noch nicht gescheitert war.

Die Bedeutung der Dialektik ist auch nicht über die Verehrung, die Kant entgegengebracht wurde, ins Bewußtsein der Physiker gedrungen. Vor allem wurden jene Aussagen Kants rezipiert, deren ungenügender dialektischer Gehalt von Hegel kritisiert war.

Engels, der 1878 feststellte „eine Nation, die auf der Höhe der Wissenschaft stehn will, kann ... ohne theoretisches Denken nicht auskommen“, konstatierte in diesem

Zusammenhang: „Mit der Hegelei warf man auch die Dialektik über Bord — grade im Augenblick, wo der dialektische Charakter der Naturvorgänge sich unwiderstehlich aufzwang, wo also nur die Dialektik der Naturwissenschaft über den theoretischen Berg helfen konnte — und verfiel damit wieder hülflos der alten Metaphysik. ... Von den Resten der klassischen Philosophie rettete sich nur ein gewisser Neukantianismus, dessen letztes Wort das ewig unerkennbare Ding an sich war, also das Stück Kant, das am wenigsten verdiente, aufbewahrt zu werden. Das Endresultat war die jetzt herrschende Zerfahrenheit und Verworrenheit des theoretischen Denkens" [MEW 20, 332]. Aus diesem Dilemma konnte nur der Übergang zum dialektischen Materialismus heraushelfen. Da dieser damals bei den Physikern noch nicht erfolgte, kam es mit dem Zusammenbruch des mechanistischen Weltbildes und dem offenkundigen Scheitern des physikalischen Programms des mechanischen Materialismus um die Jahrhundertwende zur „Krise der Physik". Eine relativ starke Strömung des „physikalischen Idealismus" war die Konsequenz. Die metaphysische, also undialektische Grundhaltung des mechanischen Materialismus, führte letztlich zur Aufgabe des Materialismus.

In der Mitte des 19. Jahrhunderts galt die Mechanik als Muster an Exaktheit. Den anderen Wissenschaften schien die Genauigkeit der Voraussagen der Himmelsmechanik als unerreichbares Vorbild. Die LAPLACEsche Fassung des Determinismus brachte das deutlich zum Ausdruck.

Diesem Wissenschaftsideal folgend unterschied man „exakte" Wissenschaften und „Geisteswissenschaften"[16]. Während die ersten sich der Methoden der Mathematik zu bedienen vermögen, ist das bei den zweiten nicht der Fall. Damals fielen alle Wissenschaften, die die Gesellschaft zum Gegenstand hatten unter die „Geisteswissenschaften"[17].

MARX und ENGELS erkannten, daß nicht die Anwendung der Mathematik den Unterschied im Wissen um die Gesetze der Natur und der Gesellschaft ausmacht. Während in der Naturwissenschaft auf materialistischer Grundlage tiefgreifende Erfolge erzielt wurden, gelangen derartige Erkenntnisse beim Verständnis und der Erklärung der menschlichen Gesellschaft und ihrer Geschichte nicht. Die entscheidende Ursache dafür lag in den idealistischen Ausgangspositionen der entsprechenden Arbeiten.

Der mechanische Materialismus glitt beim Studium der menschlichen Gesellschaft immer wieder in Idealismus ab. Seine Determinismuskonzeption kannte nur die Alternative fatalistischer Schicksalsergebenheit oder jegliche gesellschaftliche Gesetzmäßigkeit negierende Willensfreiheit des Menschen. Im ersten Falle waren die gesellschaftlichen Gesetze entweder direkt als mechanische oder aber mindestens als Gesetze vom Typ der klassischen Mechanik unterstellt. Da aber entweder die mannigfaltigen Wirkungsmechanismen[18]) der Gesetze oder die Gesetze selbst unbekannt blieben und kaum Hoffnung bestand, sie je aufzuklären, führte dieser materialistische Ansatz zum in der Welt der Ideen verdinglichten Schicksal. Im zweiten Fall werden Natur und Gesellschaft metaphysisch getrennt. Während die Natur von strenger Gesetzmäßigkeit beherrscht wird, zeigen sich im Handeln der Menschen keinerlei Gesetze. Die Handlungen der Menschen sind absolut frei. Auch das ist eine offenkundig idealistische Konsequenz.

Es ging darum, eine konsequent materialistische Gesellschaftstheorie zu entwickeln. „Natur und Geschichte (waren) so aufzufassen, wie sie sich selbst einem jeden gibt, der ohne vorgefaßte idealistische Schrullen an sie herantritt“. Es galt sie „in ihrem eignen Zusammenhang, und in keinem phantastischen“ zu sehen [MEW 21, 292].

LENIN sollte später konstatieren: „Der mächtige Strom von der Naturwissenschaft zur Gesellschaftswissenschaft floß bekanntlich nicht nur zu Pettys, sondern auch zu Marx' Zeiten. Und dieser Strom ist auch im 20. Jahrhundert nicht weniger machtvoll, wenn nicht noch machtvoller“ [LW 20, 191].

Die Entwicklung der Gesellschaft wurde von Marx und Engels als naturhistorischer Prozeß verstanden. Sie folgt objektiven Gesetzen. Die Produktionsverhältnisse (materielle gesellschaftliche Verhältnisse) bestimmen in letzter Konsequenz alle anderen gesellschaftlichen Beziehungen. Im „Kapital" ist das ökonomische Bewegungsgesetz des Kapitalismus enthüllt. Es wird deutlich, daß der konsequente Materialismus in der Gesellschaftstheorie den Determinismus keineswegs aufhebt, ihn aber aus seiner metaphysischen Enge des mechanischen Materialismus herausbringt. Im Detail ist die Vielfalt der konkreten Zusammenhänge und Vermittlungen der Produktionsverhältnisse mit den anderen gesellschaftlichen Beziehungen untersucht. Dabei ist das Augenmerk auf Gesetzeserkenntnis gerichtet, die über die Kausalanalyse von Einzelereignissen hinausgeht. Kausale Beziehungen werden keineswegs mit notwendigen identifiziert. Möglichkeit und Wirklichkeit sind unterschieden und in ihrer dialektischen Vermittlung untersucht, Zufall wird nicht auf Notwendigkeit reduziert. Eine Vielfalt von Zusammenhangsformen tritt auf. Diese Aufzählung von charakteristischen Bestimmungsstücken des dialektischen Determinismus ließe sich noch erweitern [Hörz, 1974a].

Vor allem gilt es zu betonen: Determinismus setzt im historischen Materialismus keinesfalls Fatalismus voraus, „sondern schafft im Gegenteil die Grundlage für vernünftiges Handeln" [LW 1, 435]. In diesem Zusammenhang ist an Engels Bemerkung über das Verhältnis von Naturgesetz und Freiheit zu erinnern: „Nicht in der geträumten Unabhängigkeit von den Naturgesetzen liegt die Freiheit, sondern in der Erkenntnis dieser Gesetze, und in der damit gegebnen Möglichkeit, sie planmäßig zu bestimmten Zwecken wirken zu lassen" [Mew 20, 106].

Das ökonomische Bewegungsgesetz des Kapitalismus führt mit Notwendigkeit zum Untergang dieser Gesellschaftsordnung und damit zum Sozialismus-Kommunismus. Im Sozialismus existieren erstmalig materielle Voraussetzungen, objektive gesellschaftliche Gesetze für eine planmäßige Gestaltung gesellschaftlicher Verhältnisse zu nutzen und in diesem Sinne den für metaphysische Determinismusauffassungen unüberbrückbaren Widerspruch von Freiheit und Determinismus nicht nur theoretisch aufzuheben.

Popper „bedauert" Marx, der zu „dem falschen Glauben" geführt wurde, „daß eine streng wissenschaftliche Methode auf einen strengen Determinismus beruhen muß". Er konstatiert: „Marxens ‚unerbittliche Gesetze' der Natur und der historischen Entwicklung zeigen deutlich den Einfluß der Atmosphäre Laplaces und der französischen Materialisten" [Popper, 1970, II, 107]. Es zeigt sich, daß der dialektische Determinismus — wie so oft in derartigen Fällen — als mechanischer unterstellt wird. Popper benötigt ein solches Verfahren, um dem bürgerlichen Naturwissenschaftler glauben machen zu können, der dialektische und historische Materialismus sei bestenfalls eine Philosophie, die den naturwissenschaftlichen Erkenntnissen des 19. Jahrhunderts entspricht.

Marx und Engels gingen in der Tat von der Wissenschaft ihrer Zeit aus und erkannten voll die Bedeutung der Naturwissenschaft und Mathematik für die Entwicklung der Philosophie: „Zu einer dialektischen und zugleich materialistischen Auffassung der Natur gehört Bekanntschaft mit der Mathematik und der Naturwissenschaft" [Mew, 20, 10].

Dabei konzentrierte sich Marx auf die Fragen der Mathematik, ohne die Naturwissenschaften zu vernachlässigen, während Engels in ständigem Kontakt mit dem Freund selbst in Zeiten härtesten politischen Kampfes seine naturwissenschaftlichen Studien kaum vernachlässigte.[19])

Wer meint, daß das notwendig dazu führen mußte, eine auf die Wissenschaft des 19. Jahrhunderts beschränkte Naturphilosophie zu etablieren, unterstellt seine eigene Dialektikignoranz Marx und Engels. Die Begründer des dialektischen und historischen Materialismus haben nicht versucht, die wissenschaftlichen Forschungsresultate ihrer Zeit in ein unveränderliches einzelwissenschaftliches Weltbild zu integrieren und dieses als philosophisches auszugeben. Es ging auch nicht darum, „die dialektischen Gesetze in die Natur hineinzukonstruieren, sondern sie in ihr aufzufinden und aus ihr zu entwickeln“ [MEW 20, 12].

Ganz dem Geist materialistischer Dialektik entsprechend formulierte LENIN: „Eine Revision der ‚Form‘ des ENGELSschen Materialismus, eine Revision seiner naturphilosophischen Sätze enthält ... nicht nur nichts ‚Revisionistisches‘ im landläufigen Sinne des Wortes, sondern ist im Gegenteil eine unumgängliche Forderung des Marxismus“ [LW, 14, 250]. Damit wird verhindert, daß ENGELSsche Aussagen zu einzelnen naturwissenschaftlichen Ergebnissen seiner Zeit auf die Stufe von allgemeinen philosophischen Aussagen [HÖRZ, 1974b] gebracht werden.

Dies nimmt POPPER ebensowenig zur Kenntnis wie andere bürgerliche Kritiker. Das eingeschlagene Verfahren fortsetzend behauptet er: „Keine Art von Determinismus ... kann länger als notwendige Annahme der wissenschaftlichen Methode betrachtet werden; denn die Physik ... hat nicht nur gezeigt, daß sie ohne derartige Annahmen auskommen kann, sie hat auch gezeigt, daß sie ihnen in gewissem Ausmaß widerspricht. Der Determinismus ist kein notwendiger Bestandteil einer Wissenschaft, die Vorhersagen machen kann“ [POPPER, II, 107][20]). Mit den nachfolgenden Untersuchungen wird das im einzelnen zurückgewiesen.

Dabei ist von jenen philosophischen Erkenntnissen der Klassiker unserer Philosophie auszugehen, die aus jener Zeit stammen, als den Physikern und anderen Naturwissenschaftlern der mechanische Materialismus noch als philosophische Grundlage ihrer wissenschaftlichen Arbeit erschien. „Jedenfalls ist die Naturwissenschaft jetzt so weit, daß sie der dialektischen Zusammenfassung nicht mehr entrinnt“ [MEW 20, 14] lautet eine uns heute noch beschäftigende programmatische Erklärung von ENGELS!

Das wurde formuliert, als die DARWINsche Evolutionstheorie unter den Biologen noch um Anerkennung ringen mußte und „die Ansicht *von der absoluten Unveränderlichkeit der Natur*“ [MEW 20, 314] im anorganischen Bereich nur durch wenige Hypothesen (KANT-LAPLACEsche „Nebularhypothese“ und LYELLS Hypothese über eine langsame Umgestaltung der Erde) erschüttert war.

Im dialektischen Materialismus ist die für den mechanischen Materialismus charakteristische metaphysische Trennung von Materie — als Substanz unterstellt — und Bewegung endgültig aufgehoben. „*Die Bewegung ist die Daseinsweise der Materie* ... Materie ohne Bewegung ist ebenso undenkbar wie Bewegung ohne Materie. Die Bewegung ist daher ebenso unerschaffbar und unzerstörbar wie die Materie selbst“ [MEW 20, 55].

Mit den in Natur- und Gesellschaftswissenschaften erzielten Ergebnissen wurde immer deutlicher, daß der Versuch des mechanischen Materialismus zum Scheitern verurteilt ist, alle Bewegungen auf mechanische zu reduzieren. Es galt Bewegung nicht mehr mit Ortsveränderung zu identifizieren, sondern als Veränderung überhaupt zu verstehen. Während durch den LENINschen Materiebegriff die Frage nach der Quelle des Wissens beantwortet ist, geht die marxistisch-leninistische Philosophie über den philosophischen Realismus, der heute vielen bürgerlichen Naturwissenschaftlern eigen ist, dadurch hinaus, daß sie die jeweils von den einzelnen Wissenschaften gesicherten Kenntnisse in philosophischen Aussagen über die Struktur der Materie zusammenfaßt. Dabei entwirft sie keine der überwundenen spekulativen Naturphilosophie entsprechende selbständige Ontologie.

ENGELS unterschied mehrere Bewegungsformen (mechanische, physikalische, chemische, biologische, gesellschaftliche und Denken) die für verschiedene materielle Strukturniveaus und ihre Organisationsformen charakteristisch sind. Ursprünglich waren die Unterschiede in den Bewegungsformen wesentlichstes Klassifikationsmerkmal der Wissenschaften. Heute kann dieses Merkmal nur noch als eines von vielen angesehen werden. Diese unterschiedlichen Bewegungsformen wurden nicht in metaphysischer Trennung konstatiert. Jede Bewegungsform verfügt über die ihr eigenen spezifischen Bewegungsgesetze, die man als allgemein-notwendige und wesentliche Zusammenhänge materieller Veränderungen in der Zeit charakterisieren kann. Der gegenwärtigen Naturwissenschaft ist kein Fall bekannt, daß in höheren Bewegungsformen ein einzelwissenschaftliches Bewegungsgesetz niederer Bewegungsformen durchbrochen wäre. Gefragt ist, welche Bedeutung diesen Gesetzen in den genetisch höheren Entwicklungsstufen zukommt. Heute gilt es festzustellen, ob die Gesetze der Chemie allein durch die der Quantenmechanik bestimmt sind und ob es möglich ist, biologische Prozesse auf Grund der physikochemischen Gesetzmäßigkeiten mit ihrer quantenmechanischen Grundlage zu erklären. Dazu gibt es unterschiedliche Standpunkte.

Offensichtlich kommt es jetzt nicht mehr darauf an, sich für ein ja oder nein in derartigen Fragen zu entscheiden. Einzelwissenschaftliche Untersuchungen sind in ein solches Stadium getreten, daß es notwendig wird, mit allen zur Verfügung stehenden Mitteln, die Beziehungen zwischen den Gesetzen und Theorien verschiedener materieller Strukturniveaus zu untersuchen.

Aus der Einheit der Physik wird verschiedentlich der unkorrekte Schluß gezogen, die Physik habe es mit Bewegungen eines Strukturniveaus zu tun. Das ist nur bedingt richtig. Damit wird nach wie vor eine sinnvolle Abgrenzung zu den anderen Naturwissenschaften und den Gesellschaftswissenschaften ermöglicht. Innerhalb der von der Physik untersuchten Bewegungsform aber, die generell auf allen Stufen materieller Organisiertheit vorzuliegen scheint, gibt es auch verschiedene Strukturniveaus, die mit unterschiedlichen Gesetzen erfaßt werden. Das ist der Grund, warum philosophische Fragen der Beziehung zwischen Gesetzen und Theorien unterschiedliche materielle Strukturniveaus erfassender Wissenschaften modellmäßig innerhalb der Physik untersucht werden können. Dabei lassen sich die Übergänge und Zusammenhänge wesentlich einfacher aufklären als beispielsweise in den physiko-chemischen Modellen präbiotischer Evolution. Bei der Übertragung der gewonnenen Resultate hat man natürlich die entsprechende Vorsicht walten zu lassen. Es gilt, was in der Beschränkung philosophischer Untersuchungen auf eine Wissenschaft immer gilt: Die so gewonnenen Schlußfolgerungen tragen hypothetischen Charakter und werden erst zu präzisierten philosophischen Aussagen, wenn sie durch die anderen Wissenschaften bestätigt sind. Solange kommt ihnen in den noch nicht untersuchten Wissenschaften heuristischer Wert zu (vgl. [Hörz, 1974b, 169–176]).

Insbesondere gilt es zu prüfen, ob die Anwendung wahrscheinlichkeitstheoretischer und statistischer Verfahren an die Existenz von zwei oder mehreren unterschiedenen Strukturniveaus innerhalb des von der jeweiligen Wissenschaft betrachteten Objektbereichs gebunden ist. Wenn sich das als richtig erweist, dann wird die Bedeutung der mathematischen Wahrscheinlichkeitstheorie in dem Maße zunehmen, wie in den Wissenschaften immer komplexere Systeme mit mathematischen Methoden untersucht werden. Von solchen Überlegungen geht Sačkov in seinen Arbeiten aus.

Die bisherige Wissenschaftsentwicklung verweist auf den engen Zusammenhang von Bewegungsauffassungen und Determinismuskonzeptionen. Der mechanische Determinismus wurde der klassischen Mechanik unter heute offensichtlicher Überschreitung ihres Gültigkeitsbereichs entlehnt. Auch gegenwärtig werden verschiedentlich Determinismuskonzeptionen direkt aus einer physikalischen Theorie abgehoben. Das führt jedoch zu keiner philosophischen Determinismuskonzeption.

Der dialektische Determinismus liegt als philosophische Teiltheorie materialistischer Dialektik vor. Er wurde unter Berücksichtigung der Klassikerauffassungen und der Erkenntnisse natur- und gesellschaftswissenschaftlicher Forschung ausgearbeitet. In ihm wird das gesamte Spektrum objektiver Zusammenhänge in Natur und Gesellschaft abgebildet, das von Kausalrelationen bis hin zu den gesetzmäßigen Zusammenhängen größtmöglicher Komplexität reicht. Ganz im Sinne der Dialektik des Erkenntnisprozesses verlangt er sowohl das Studium der bekannten Zusammenhänge als auch das Aufdecken neuer.

Nachdem eine Reihe philosophisch wertvoller Anregungen zur Entwicklung des dialektischen Determinismus aus der Physik gekommen sind, gilt es zu prüfen, inwiefern diese philosophische Konzeption der Physik von Nutzen sein kann. Das zweckmäßigste Verfahren, dies praktisch zu prüfen, sehe ich in der Untersuchung philosophischer Fragen der Entwicklung physikalischer Bewegungsauffassungen.

Daß bisherige physikalische Theorien in ihren Bewegungsgesetzen objektive Naturdialektik abbilden, ist in der marxistisch-leninistischen philosophischen Literatur oft hervorgehoben worden.[21]) Deshalb ist die Entwicklung der physikalischen Bewegungsauffassungen ein geeigneter Gegenstand für Betrachtungen zum Verhältnis von Determinismus und Physik. Dabei werden Fragen des Zusammenhanges objektiver Dialektik und mathematisierter Theorien angeschnitten, die über die Physik hinausweisen.

Dijksterhuis hat den Übergang von der aristotelischen Naturwissenschaft zur klassischen Naturwissenschaft analysiert und ist zu dem Schluß gekommen, daß es dabei darum ging, „das substantielle Denken, das nach dem Wesen der Dinge fragte“, gegen das funktionelle Denken auszutauschen, „welches das Benehmen der Dinge in ihrer gegenseitigen Abhängigkeit feststellen will; die Behandlung der Naturerscheinungen in Worten mußte zugunsten einer mathematischen Formulierung der darin wahrgenommenen Relationen aufgegeben werden“ [Dijksterhuis, 557].

Im weiteren wird deutlich, daß die Anwendung mathematischer Methoden in der Physik die Dialektik von Wesen und Erscheinung keinesfalls aufhebt. Ob es sich tatsächlich um mathematische Formulierung der in den Naturerscheinungen „wahrgenommenen" Relationen handelt, bleibt noch zu erörtern. Eine solche Formulierung deutet darauf hin, daß DIJKSTERHUIS — in Übereinstimmung mit vielen Physikern — die Zusammenhänge in der objektiven Realität als mathematische Relationen unterstellt.

Die Frage, die sich aus dem Zusammenbruch des mechanistischen Weltbildes der Physik und des mechanischen Materialismus der Philosophie ergibt, lautet: Ist es gerechtfertigt, Zusammenhänge der objektiven Realität als mathematische Strukturen zu unterstellen? Der mechanische Materialismus bejahte das und irrte sich mindestens in bezug auf die unterstellten Strukturen. Bei der Erörterung dieser Frage ist es aber keinesfalls notwendig, lediglich von heute vorliegenden mathematischen Strukturen auszugehen.

Die bisherige Wissenschaftsentwicklung und die materialistische Dialektik scheinen folgende Antwort nahezulegen: *Die Zusammenhänge materieller Objekte und Prozesse sind prinzipiell nicht mit mathematischen Strukturen zu identifizieren, lassen sich aber mittels mathematischer Strukturen im Verlaufe des menschlichen Erkenntnisprozesses immer adäquater widerspiegeln.*

Diese Überlegung kann selbstverständlich nur als philosophische Hypothese verstanden werden. Sie ist also eine wissenschaftlich begründete Vermutung über objektive Naturdialektik und deren Abbildung in mathematisierten naturwissenschaftlichen Theorien. Sie liegt den hier vorgenommenen philosophischen Untersuchungen mathematisierter physikalischer Theorien und ihrer Beziehungen zugrunde. Die dabei erzielten Ergebnisse können Aufschlüsse über die Zweckmäßigkeit einer derartigen Hypothese vermitteln.

Zweifelsohne wäre es auch möglich, die mathematischen

Strukturen der jeweils allgemeinsten physikalischen Theorie mit denen der objektiven Realität zu identifizieren. Vom Standpunkt des aktuellen physikalischen Wissens werden sich dagegen kaum ernsthafte Einwände beibringen lassen. Zieht man die Geschichte der Physik mit hinzu, ändert sich die Situation schlagartig. Dann liegt eine solche Identifikation keinesfalls mehr nahe. Sie ist allerdings — und das muß betont werden — jedoch keinesfalls ausgeschlossen. Alle Vorstellungen über den Abschluß der Physik in einer einheitlichen, nämlich die wesentlichen Strukturen der objektiven Realität erfassenden Theorie, gehen in diese Richtung. Es wäre falsch, derartige Bemühungen deshalb zu diskreditieren, weil sie bislang fehlgeschlagen sind. Auch der Einwand, daß ein so verstandener Abschluß der Physik, Abschluß der physikalischen Forschung wäre, ist haltlos. Eine einheitliche Theorie schließt nicht aus, daß innerhalb dieser Theorie eine unendliche Vielfalt von Problemen zu lösen bleibt. Verschiedentlich wird bei der Begründung der Annahme, daß objektive Zusammenhänge mit mathematischen Strukturen zu identifizieren seien, große Hoffnung in die konstruktive Mathematik gesetzt. Diese soll möglicherweise besser geeignet sein, objektiv-reale Sachverhalte widerzuspiegeln und letztendlich im Sinne der LENINschen absoluten Wahrheit zu treffen.

Derartige Diskussionen können deutlich machen, daß die im weiteren zugrundegelegte Hypothese nicht die einzig mögliche ist und auch nicht als notwendige Konsequenz der weltanschaulich bedeutsamen Grundaussagen des dialektischen Materialismus mißverstanden werden darf. Mit dieser Hypothese wird das viel diskutierte, aber bislang nur unbefriedigend gelöste Verhältnis von Logik und Dialektik angeschnitten. Bekanntlich ist das ein Schlüsselproblem für ein tieferes Verständnis der Beziehungen von Philosophie und Mathematik, dem angesichts der anhaltenden Mathematisierungstendenzen in vielen Wissenschaften immer größere Bedeutung zukommt. Die in diesem Gebiet bislang erzielten Ergebnisse stehen in keinem Verhältnis zu dem von der Wissenschaftsentwicklung erzeugten Bedürfnis philosophischer Durchdringung.

Die genannte Hypothese soll hier auf ihre Tragfähigkeit für die physikalische Forschung geprüft werden. Sie könnte möglicherweise zu einer Klärung beitragen, wie Elemente der materialistischen Dialektik für den physikalischen Forschungsprozeß fruchtbar zu machen sind. Damit würde sie die Aussage präzisieren, daß der dialektische Materialismus Weltanschauung und Methode der Wissenschaften ist. Es kommt also darauf an, sie mit den mathematisierten physikalischen Theorien zu konfrontieren. Und dabei ist DIJKSTERHUIS zuzustimmen, der den Übergang von der klassischen Physik zur Physik unseres Jahrhunderts auch als kontinuierlichen Prozeß aufzeigt: „Die Physik stellte weiterhin den Ablauf der Geschehnisse durch mathematische Gleichungen dar; sie hat nur für die Art, wie die in den Gleichungen auftretenden mathematischen Symbole mit den Resultaten physikalischer Messungen zu verknüpfen sind, andere Vorschriften geben müssen." Seine Untersuchung zusammenfassend konstatiert er: „Die Mechanisierung, die das Weltbild beim Übergang von antiker zu klassischer Naturwissenschaft erfahren hat, besteht in der Einführung einer Naturbeschreibung mittels der mathematischen Begriffe der klassischen Mechanik; sie bedeutet den Beginn der Mathematisierung der Naturwissenschaft, die in der Physik des zwanzigsten Jahrhunderts ihre Vollendung findet" [DIJKSTERHUIS, 557]. Im Unterschied zu DIJKSTERHUIS sehen wir in der Physik unseres Jahrhunderts jedoch nicht die Vollendung dieses Prozesses, sondern seine Fortsetzung. Im übrigen scheint die so gewahrte Kontinuität in der revolutionären Umgestaltung der klassischen Physik durch die Physik des 20. Jahrhunderts in einer dialektisch-materialistischen Betrachtungsweise schärfer hervorzutreten als das bei einschlägigen Untersuchungen auf der Basis anderer philosophischer Voraussetzungen möglich ist.

Physik ist heute die Einheit der notwendig arbeitsteilig betriebenen und hochspezialisierten experimentellen und theoretischen Physik. Die einer bestimmten Entwicklungsstufe dieser Wissenschaft entsprechende Bewegungsauffassung läßt sich — wie im folgenden expliziert wird — aus den in der theoretischen Physik untersuchten Bewegungsgesetzen und ihren Bedingungen[22]) abheben. Die Untersuchung der Entwicklung physikalischer Bewegungsauffassungen muß von der Bewegungsauffassung der klassischen Mechanik ausgehen.

2. Klassisch-mechanische Bewegungsauffassung

2.1. Ist die Newtonsche Physik metaphysisch?

Die klassische Mechanik[1]) bildet mit praktisch hinreichender Genauigkeit Ortsveränderungen makroskopischer Körper und deren mechanische Wechselwirkung ab. Sie gilt für Objekte, die sich mit einer weitaus geringeren als der Lichtgeschwindigkeit bewegen, deren Abmessungen im Vergleich mit dem Atomradius groß und im Vergleich mit kosmischen Maßstäben gering sind. Gegenstand dieser Theorie sind makroskopische Körper, die den angeführten Einschränkungen genügen. Diese den Gültigkeitsbereich der klassischen Mechanik festlegenden Bestimmungen sind nicht durch die klassische Mechanik selbst gefunden worden. Sie wurden vielmehr im Prozeß des Entwurfs allgemeinerer physikalischer Theorien und deren detaillierter Analyse aufgeklärt.

Galilei, dessen Werk den Grundstein für die hier betrachtete Theorie legte, ging davon aus, „daß die wesentlichen und inhärenten Eigenschaften der Materie — die einzigen, die mathematisch und daher mit einiger Sicherheit erfaßbar sind — Ausdehnung, Lage und Dichte sind. ‚Alle anderen, wie Geschmack, Geruch, Farbe, sind in bezug auf den Gegenstand, an dem sie sich zu zeigen scheinen, nichts weiter als bloße Namen. Sie existieren nur beim Beobachter' ..." [Bernal, 268—269]. Weder Galilei noch seine Nachfolger empfanden das als Einschränkung. Diese Auffassung war vielmehr Grundlage eines weitgefaßten Forschungsprogrammes, das die Entwicklung der Physik mindestens bis ins 19. Jahrhundert bestimmte. Newton schrieb in den „Philosopiae naturalis principia mathematica", die der klassischen Mechanik eine geschlossene Form gaben: „Ich wünschte, wir könnten die anderen Naturphänomene durch die gleiche Art von Schlußfolgerungen aus mechanischen Prinzipien ableiten, da ich aus vielen Gründen zu der Vermutung neige, sie seien vielleicht alle auf gewisse Kräfte zurückzuführen, durch die die Partikeln der Körper infolge irgendwelcher bisher unbekannter Ursachen entweder einander anziehen und sich daher in regelmäßigen Formen zusammenballen oder einander abstoßen und sich voneinander entfernen. Da diese Kräfte unbekannt sind, haben die Philosophen bisher vergeblich versucht, die Natur zu erforschen; ich hoffe jedoch, daß die hier niedergelegten Prinzipien einiges Licht auf diese oder irgendeine andere, mehr der Wahrheit entsprechende Methode der Philosophie werfen werden" (zitiert nach [Bernal, 304]).

Wenn Newton in diesem Zusammenhang von der Philosophie spricht, weist das darauf hin, daß die Emanzipation der Naturwissenschaft damals sprachlich noch nicht vollzogen war. De facto vollendete gerade Newtons Werk die Entwicklung der Physik und auf dieser Basis später der anderen Naturwissenschaften zu eigenständigen, außerhalb der Philosophie betriebenen Wissenschaften.

Die Wissenschaftsentwicklung hat gezeigt, daß das von Galilei über Newton auf die französischen Materialisten überkommene Programm der Rückführung aller Naturphänomene auf mechanische Bewegungen klassisch-mechanischer Objekte nicht realisierbar ist und daß es nicht einmal innerhalb der Physik durchgehalten werden kann.

Aus den Worten Newtons wird aber auch deutlich, daß er selbst weitaus vorsichtiger als seine Nachfolger dieses dem mechanischen Materialismus entsprechende Forschungsprogramm angeboten hat. Seine mechanisch-materialistischen Vorstellungen über die Struktur der Materie und ihre Bewegung charakterisierte er als Möglichkeit. Er gab sie nicht als Wirklichkeit aus, wie das im mechanischen Materialismus des 18. Jahrhunderts dann geschah. NEWTONS Denken war alles andere als mechanistisch-metaphysisch.

Verschiedentlich ist aber das Vorgehen der klassischen Mechanik als metaphysisch bezeichnet worden. — Nach ENGELS faßt diese Denkweise die Welt „als ein Komplex von fertigen *Dingen*" [MEW, 21, 293] auf. In Übereinstimmung mit den naturwissenschaftlichen Erkenntnissen des 19. Jahrhunderts (und noch mehr den Erkenntnissen unseres Jahrhunderts) ist die dialektische Denkweise der metaphysischen entgegenzusetzen. Die dialektische Methode nimmt die Welt „als ein Komplex von *Prozessen*, worin die scheinbar stabilen Dinge nicht minder wie ihre Gedankenabbilder in unserm Kopf, die Begriffe, eine ununterbrochene Veränderung des Werdens und Vergehens durchmachen, in der bei aller scheinbaren Zufälligkeit und trotz aller momentanen Rückläufigkeit schließlich eine fortschreitende Entwicklung sich durchsetzt" [MEW, 21, 293]. Nun spielt der Entwicklungsgedanke aber in der NEWTONschen Physik tatsächlich keine Rolle.[2]) Das wurde zum Anlaß genommen, der klassischen Mechanik eine metaphysische Denkweise zu unterstellen. Dabei handelt es sich um den *unabhängig* von der klassischen Mechanik eingenommenen Standpunkt des metaphysischen Materialismus, der nur dann von der Mechanik „bestätigt" werden kann, wenn man diese als System von Aussagen über materiell aufzeigbare unveränderliche Dinge ansieht. Weder der Prozeß der Bildung dieser Theorie, noch der Prozeß der physikalischen Interpretation ihrer mathematischen Aussagen, noch die Frage nach der Möglichkeit des Entstehens qualitativ neuer Eigenschaften in mechanischen Systemen wird so berücksichtigt.[3])

Wäre vor der Schaffung der klassischen Mechanik die Forderung erhoben worden, diese Theorie müsse von der Veränderlichkeit *aller* Erscheinungen und Prozesse in der objektiven Realität ausgehen, dann wäre das gleichbedeutend mit der Forderung gewesen, sie müsse den universellen Zusammenhang in seiner Totalität erfassen. Eine solche Forderung hätte notwendigerweise die Entwicklung jeglicher physikalischer Theorie verhindert. Einer Reihe spekulativer naturphilosophischer Systeme liegen Vorstellungen dieser Art zugrunde. Deshalb können sie zwar für die einzelwissenschaftliche Forschung durchaus anregend sein, stellen aber niemals eine tragfähige philosophische Basis zur Entwicklung wissenschaftlicher Theorien dar.[4]). LENIN vermerkte in seinen Konspekten zu HEGELS „Wissenschaft der Logik": „Der Mensch kann die Natur nicht als *ganze*, nicht vollständig, kann nicht ihre ‚unmittelbare Totalität' erfassen = widerspiegeln = abbilden, er kann dem nur *ewig* näher kommen, indem er Abstraktionen, Begriffe, Gesetze, ein wissenschaftliches Weltbild usw. usf. schafft" [LW, 38, 172].

Für die Entwicklung der klassischen Mechanik und der Naturwissenschaften[5]) war die Annahme von entscheidender Bedeutung, daß bei Anerkennung des universellen Gesamtzusammenhanges aus diesem bestimmte Objekte, Erscheinungen und Prozesse herausgelöst werden können (gedanklich und durch experimentelle Bedingungen) und die für isolierte Situationen formulierten Gesetze unter bestimmten Bedingungen allgemeine, notwendige und wesentliche Beziehungen für die entsprechenden Objekte im Gesamtzusammenhang darstellen. Man kann also, wohl wissend, daß alle Makrokörper Veränderungen unterworfen sind, unter bestimmten Bedingungen annehmen, sie seien unveränderlich und Bewegungsgesetzte formulieren, die Ortsveränderungen dieser Körper in Abhängigkeit von der Zeit (bezogen auf ein mit anderen Körpern und Ereignissen verbundenes Bezugssystem) abbilden. Dabei werden durch experimentelle Untersuchungen konkrete Beziehungen nahegelegt. Es gibt — wie noch zu zeigen ist — aber keinen eindeutigen Weg von den experimentellen Befunden zu den Gesetzesaussagen im Rahmen einer Theorie. Der experimentelle Test entscheidet im Anschluß an die hypothetisch formulierten Bewegungsgesetze, wielange die Näherung der unveränderlichen Makrokörper und der entsprechenden Bewegungszusammenhänge sinnvoll ist. Außerdem hat die weitere Wissenschaftsentwicklung aufzuklären, ob die als Gesetzesaussagen formulierten Sätze tatsächlich allen Objekten des ursprünglich angenommenen Gültigkeitsbereiches gerecht werden oder nicht.

Metaphysisch wird die in der Mechanik angewandte Denkweise erst dann, wenn man aus der Tatsache, daß es gelingt, Bewegungsgesetze für unveränderliche Makroobjekte mit praktisch hinreichender Genauigkeit zu formulieren, schlußfolgert, die betrachteten Objekte selbst seien unveränderlich. Mit den Erfolgen bei der Verwirklichung des NEWTONschen Programms kam man zu jener „eigentümlichen Gesamtanschauung, deren Mittelpunkt die Ansicht *von der absoluten Unveränderlichkeit der Natur* bildet" [MEW 20, 314]. *Das* ist die metaphysische Denkweise, die ENGELS so treffend geißelte. Sie hat nichts mit dem Denken zu tun, das zur klassischen Mechanik führte und wurde erst auf der Basis der ausgearbeiteten Theorie möglich, die nur noch mathematische Probleme zu bewältigen hat. Eine solche metaphysische Denkweise ist unbedingt, um „Zerfahrenheit und Verworrenheit des theoretischen Denkens" [MEW, 20, 332] zu vermeiden, durch dialektisches Denken abzulösen. Und das schließt — wie bereits in der klassischen Mechanik sichtbar — die analytischen Verfahren der Physik und der anderen Wissenschaften nicht aus, sondern bedingt sie. Dies muß man unbedingt beachten, wenn nachfolgend von *existierenden* physikalischen Theorien ausgegangen wird, ohne auf den historischen Prozeß der jeweiligen Theoriebildung näher einzugehen.[6]) Dabei wird sich die Berechtigung folgender vor fast hundert Jahren von ENGELS getroffener Feststellung erweisen: „Grade die Dialektik ist aber für die heutige Naturwissenschaft die wichtigste Denkform, weil sie allein das Analogon und damit die Erklärungsmethode bietet für die in der Natur vorkommenden Entwicklungsprozesse, für die Zusammenhänge im ganzen und großen, für die Übergänge von einem Untersuchungsgebiet zum andern“ [MEW, 20, 330–331].

2.2. Newtonsche Bewegungsauffassung

2.2.1. Newtonsches Bewegungsgesetz

Wir wollen jetzt, vom Bewegungsgesetz der klassischen Mechanik ausgehend, die Bewegungsauffassung dieser Theorie und ihre Grenzen untersuchen. Es ist zu berücksichtigen, daß alle physikalischen Theorien Aussagen über idealisierte Objekte machen, die für reale physikalische Objekte stehen. Das ist einer der entscheidenden Gründe für die Berechtigung der Annahme, daß die mathematischen Strukturen physikalischer Theorien nicht mit den Zusammenhängen materieller Objekte und Prozesse identisch sind, diese aber adäquat widerzuspiegeln vermögen.

Das für die klassische Mechanik entscheidende Modell[7]) ist der Massenpunkt. Die relative Bewegung realer Körper (bezogen auf andere Körper) wird in dieser Theorie als Bewegung mathematischer, mit Masse behafteter Punkte in einem Bezugssystem widergespiegelt. Die Ortsveränderung eines solchen Körpers läßt sich so lange derart idealisiert darstellen, wie die Abmessungen des Körpers im Verhältnis zu den für die Ortsveränderungen charakteristischen Entfernungen klein und die Eigendrehung des Körpers vernachlässigbar sind.

Diese offensichtlichen Einschränkungen für das Modell des Massenpunktes geben jedoch keinerlei Möglichkeit, die in 2.1. genannten wesentlichen Merkmale klassischer

Objekte als Grenzen für die Anwendbarkeit der klassischen Mechanik zu erhalten. Das macht deutlich, daß die Bedingungen einer Theorie und folglich auch ihrer Gesetze nicht aus den in ihr benutzten Modellvorstellungen für die Abbildung objektiv-realer Sachverhalte herleitbar sind. Die genannten Bestimmungen folgen ausschließlich aus allgemeineren physikalischen Theorien. Aus der speziellen Relativitätstheorie ist ersichtlich, daß die Gesetze der klassischen Mechanik gelten, wenn die betrachteten Geschwindigkeiten klein gegen die Lichtgeschwindigkeit werden. Aus der Quantenmechanik ergibt sich, daß die Gesetze der klassischen Mechanik gelten, wenn die betrachteten Objekte über eine große kinetische Energie verfügen und gleichzeitig die Gradienten der potentiellen Energie klein sind. Unter diesen Voraussetzungen ist die Wirkung groß gegenüber dem PLANCKschen Wirkungsquantum, die DE BROGLIEsche Wellenlänge klein gegenüber den für die jeweilige Aufgabe charakteristischen Abmaßen. Für die Erklärung atomarer Prozesse und deren makroskopische Konsequenzen benötigt man die Quantenmechanik. Können die atomaren Prozesse vernachlässigt werden, reicht die klassische bzw. die speziell-relativistische Mechanik zur Erklärung mechanischer Erscheinungen auf der Erde und im erdnahen Raum. Für globale kosmologische Maßstäbe benötigt man die allgemeine Relativitätstheorie.

Diese Tatsachen sind Ausdruck des *Korrespondenzprinzips*, nach dem die mit hinreichender Genauigkeit bestätigten Gesetze einer Theorie niederen Allgemeinheitsgrades in ihrer mathematischen Form aus der entsprechenden Theorie höheren Allgemeinheitsgrades innerhalb ihres Gültigkeitsbereichs erhalten werden. Dadurch ist es, wie im behandelten Fall, erst möglich, den Gültigkeitsbereich der Theorie niederen Allgemeinheitsgrades einzuschränken. Die Behauptung, daß die Theorie mit höherem Allgemeinheitsgrad (größerer Gültigkeitsbereich) die Theorie niederen Allgemeinheitsgrades enthalte, ist insofern ungenau, als diese beiden Theorien in der Regel auch unterschiedliche Begriffe benutzen. Aus der Tatsache, daß mathematische Strukturen der Gesetze näherungsweise ineinander übergehen, ist noch nichts über die spezifische Begriffsbenutzung gesagt. Das Korrespondenzprinzip gehört in der hier benutzten Form zu den heuristischen Prinzipien für den Entwurf allgemeinerer physikalischer Theorien.

Der Gültigkeitsbereich der klassischen Mechanik läßt sich durch den Komplex von Wirkungsbedingungen[8]) ihrer grundlegenden Bewegungsgleichung festlegen. Das ist die Gesamtheit aller notwendigen und hinreichenden Bedingungen für die Existenz eines solchen Gesetzeszusammenhanges. Dabei kann man zwischen spezifischen und nichtspezifischen Wirkungsbedingungen unterscheiden. Die spezifischen Wirkungsbedingungen bestimmen Wesen, Inhalt und Struktur des jeweiligen Gesetzeszusammenhanges. Die nichtspezifischen Wirkungsbedingungen sind ebenfalls für die Existenz des Gesetzes notwendige Voraussetzungen, bestimmen aber das Wesen dieses Gesetzeszusammenhanges selbst nicht.

Zu den spezifischen Wirkungsbedingungen der klassischen Mechanik sind die in 2.1. genannten Eigenschaften makroskopischer Körper zu zählen (groß gegenüber dem Atomradius, klein gegenüber kosmischen Maßstäben, Geschwindigkeit klein gegenüber der Lichtgeschwindigkeit). Sind diese nicht gegeben, muß von einer anderen Bewegungsgleichung ausgegangen werden. Nichtspezifische Wirkungsbedingungen hingegen sind die relative Unveränderlichkeit der Objekte, vernachlässigbare oder kalkulierbare zufällige Störungen, die Kleinheit nichtmechanischer Wechselwirkungen u. ä. Sind diese Bedingungen nicht erfüllt, so läßt sich die ursprüngliche Bewegungsgleichung modifizieren. Bis zu welchen Grenzen das möglich ist, wird in Kap. 4. untersucht.

Die Möglichkeit, mit den im Gesetzeszusammenhang erfaßten Größen zu operieren, die bestimmte Eigenschaften der jeweiligen Objekte widerspiegeln, wird bei Erfüllung der spezifischen Wirkungsbedingungen garantiert.

Aus der Theorie selbst aber ist nicht zu entnehmen, wie diese Bedingungen lauten. Das drückt den mit der Entwicklung der Physik offenkundig gewordenen Sachverhalt aus, daß weder die klassische Mechanik noch eine andere physikalische Theorie eine erschöpfende Eingrenzung ihres eigenen Gültigkeitsbereichs zu liefern vermag. Im Falle der klassischen Mechanik war dies von Anfang an nicht offensichtlich, es war schließlich die erste und außerdem sehr erfolgreiche geschlossene physikalische Theorie. So schien es zunächst möglich, den Gültigkeitsbereich auf alle materiellen Objekte auszudehnen. Die Dialektik des Erkenntnisprozesses, nach der „jede wissenschaftliche These über die Struktur und die Eigenschaften der Materie nur annähernde, relative Geltung hat“ [LW, 14, 261], aber in den wissenschaftlich sinnvollen Thesen immer Dialektik von relativer und absoluter Wahrheit zum Tragen kommt, konnte zwar von den Begründern der klassischen Mechanik erahnt werden, wurde aber erst mit der Überwindung des Anspruchs auf universelle Gültigkeit der klassischen Mechanik für den Physiker eine Erfahrung der Geschichte seiner Wissenschaft. An dieser Stelle — das wurde früher bereits betont — wäre es außerordentlich wichtig gewesen, den dialektischen Materialismus als philosophische Verallgemeinerung der gesamten Wissenschaftsentwicklung zur Verfügung zu haben. Das hätte die Irrtümer des „physikalischen Idealismus“ zu verhindern vermocht.

Wir wollen nun aus der NEWTONschen Mechanik in Kenntnis des dialektischen Materialismus die dieser physikalischen Theorie entsprechende Bewegungsauffassung abheben und versuchen, ihre Grenzen zu analysieren. Relativitätstheorie, statistische Physik und die Quantenmechanik sollen zunächst „vergessen“ werden. In diesem Punkt wollen wir also bei der Untersuchung der Entwicklung physikalischer Bewegungsauffassungen historisch vorgehen. Dabei ist jedoch unbedingt zu berücksichtigen, daß eine Reihe von einschränkenden Bedingungen nur deshalb formuliert werden kann, weil entweder die mathematische Grundlagenforschung Ergebnisse erbracht hat, die zur Blütezeit des mechanischen Materialismus nicht vorlagen oder durch das Wissen um allgemeinere physikalische Theorien verschiedene Sachverhalte der klassischen Mechanik heute als einschränkende Bedingungen erkannt werden, die vorher als evident anzusehen waren. Deshalb ist die vorzunehmende Untersuchung nicht mit der tatsächlichen Geschichte physikalischer Bewegungsauffassungen zu verwechseln.

Zu den spezifischen Wirkungsbedingungen der klassischen Mechanik ist die Anwendbarkeit des Massenpunktmodells zu zählen. Dabei ist zu berücksichtigen, daß man sich mit Modifikationen dieses Modells selbst in solchen Fällen aushelfen kann, in denen es zunächst nicht anwendbar scheint. Die Drehung des festen Körpers kann durch ein Modell erfaßt werden, in dem der feste Körper eine Summe von Massenpunkten darstellt. Dieses Modell vermag deshalb keine Grenzen für den Gültigkeitsbereich der klassischen Mechanik aufzuweisen. Untersuchen wir nun das Bewegungsgesetz dieser Theorie.

Dabei können wir von der NEWTONschen Form dieses Gesetzes ausgehen.[9]) Es lautet:

$$\frac{\mathrm{d}}{\mathrm{d}t}(m\boldsymbol{v}) = \boldsymbol{F}, \tag{1}$$

die darin enthaltenen Größen haben folgende Bedeutung:

m — träge Masse

$\boldsymbol{r}$ — Lagevektor des Massenpunktes im Bezugssystem

$\frac{\mathrm{d}\boldsymbol{r}}{\mathrm{d}t} = \boldsymbol{v}$ — Geschwindigkeit

$\frac{\mathrm{d}\boldsymbol{v}}{\mathrm{d}t}$ — Beschleunigung

$\boldsymbol{F}$ — Summe aller wirkenden Kräfte.

Dieser Gleichung ist sofort zu entnehmen, daß die Bewegung eines isolierten Objektes (charakterisiert durch die individuelle Eigenschaft Massenträger zu sein) relativ zu einem materiell durch andere Körper und Ereignisfolgen repräsentierten Bezugssystem über entsprechende kinematische Größen $\boldsymbol{r}$ und $\boldsymbol{v}$ erfaßt wird. Die Wechselwirkung des in seiner Ortsveränderung abgebildeten Körpers mit anderen Körpern wird lediglich als Einwirkung äußerer Kräfte auf den isolierten Körper abgebildet.

Schreibt man die Gleichung für die Bewegung zweier oder mehrerer Körper in ihren gegenseitigen Kraftfeldern, ist das 3. NEWTONsche Axiom zu beachten, nach dem für jede Kraft eine gleichgroße Gegenkraft wirkt. Dieses Axiom ist offensichtlich im Bewegungsgesetz nicht mitenthalten und stellt eine Vorschrift für den zu machenden Kraftansatz dar.

Sind die Anfangsbedingungen

$$\begin{aligned} \boldsymbol{r}_0 &= \boldsymbol{r}(t_0), \\ \boldsymbol{v}_0 &= \boldsymbol{r}(t_0) \end{aligned} \tag{2}$$

gegeben,[10]) so ist im Rahmen dieser Theorie der Zustand eines Massenpunktes eindeutig bestimmt. Wenn auch die wirkenden Kräfte bekannt sind, dann lassen sich über (1) alle anderen Zustände (charakterisiert durch die Größen $\boldsymbol{r}$ und $\boldsymbol{v}$ in einem bestimmten Zeitpunkt t) ebenfalls eindeutig bestimmen.

Das Postulat der Existenz der Größen $\boldsymbol{r}(t)$ und $\boldsymbol{v}(t)$ für das Modell des Massenpunktes setzt in der klassischen Mechanik unausgesprochen immer voraus, daß auch Meßverfahren zur Bestimmung dieser objektiven Größen existieren. Die klassische Mechanik unterstellt in der Regel, daß den physikalischen Körpern selbst eindeutig bestimmte Lagen und Geschwindigkeiten zukommen und mindestens prinzipiell eine Folge von Meßverfahren möglich ist, die diese Werte mit zunehmender Genauigkeit zu bestimmen erlauben. Die Folge von Meßverfahren hat einen Grenzwert, den sie allerdings praktisch nicht erreichen kann, der es gestatten würde, die „wirkliche" Lage und Geschwindigkeit des Körpers mit absoluter Genauigkeit zu bestimmen. Daß dieses unendlich genaue Meßverfahren praktisch nicht erreichbar ist, hat bislang noch niemanden beunruhigt, da die für industrielle und wissenschaftliche Zwecke hinreichende Genauigkeit offensichtlich erreichbar ist und absolut nicht verständlich wäre, warum mit unendlichem Aufwand ein Meßresultat angestrebt werden sollte, das dann ohnehin nicht benötigt wird.

Gleichung (1) entspricht in diesem Verständnis offensichtlich dem Determinationstyp I. Wir wollen hier den Begriff des dynamischen Gesetzes präzisieren. Unter einem dynamischen Gesetz soll ein „allgemein-notwendiger und wesentlicher Zusammenhang (verstanden werden), wobei *eine* Möglichkeit für das Verhalten der Objekte und Prozesse besteht, die notwendig verwirklicht werden muß" [Hörz, 1974a, 112]. Gl. (1) ist im Sinne dieser Begriffsbestimmung ein dynamisches Gesetz. Die Anfangsbedingungen (2) wählen eindeutig eine notwendig sich verwirklichende Möglichkeit aus der durch (1) festgelegten unendlichen Vielfalt möglicher Bahnen $\{\boldsymbol{r}(t)\}$ in Form einer Bahn $\boldsymbol{r}(t, \boldsymbol{r}_0, \boldsymbol{v}_0)$ aus. Da im Verständnis der klassischen Mechanik diese Bahn nicht nur die Bahn des in der Theorie behandelten Massenpunktes ist, sondern auch der Bahn des realen Körpers durch immer genauere Bestimmung der Anfangswerte beliebig nahegebracht werden kann, besteht nur eine Möglichkeit für den Bewegungsablauf, die notwendig verwirklicht werden muß.

Auch auf dieser Stufe der Erkenntnis gibt es jedoch keine Elimination der Dialektik von Notwendigkeit und Zufall. Die zufälligen Faktoren, die zu Abweichungen von den theoretisch vorhergesagten Resultaten führen, sind als unbekannte Störfaktoren verstanden, die sich den bekannten Sachverhalten überlagern. Dabei handelt es sich um Abweichungen der realen Anfangswerte von den gemessenen und in die Theorie eingebrachten Werten sowie um nicht berücksichtigte Kräfte. Beide dem Zufall unterliegende Einflüsse sind vom Standpunkt der klassischen Mechanik beherrschbar. Sie führen nicht notwendig zu praktisch bedeutsamen Abweichungen der Meßergebnisse von den theoretischen Voraussagen. Die Meßfehler lassen sich mit Meßfehlerbetrachtungen kalkulieren, während unbekannte Kräfte (Reibung, Schwankungen des Gravitationspotentials u. ä.) über empirisch bestimmbare Korrekturglieder erfaßt werden. In beiden Fällen spielen wahrscheinlichkeitstheoretische Überlegungen eine Rolle. Sie werden aber immer auf der Basis der Vorstellung angestellt, unbekannte Einflüsse zu kalkulieren, die in der objektiven Realität mit Notwendigkeit durch die Gesamtheit aller Bedingungen eindeutig bestimmt sind.

Die Lösung der bisher behandelten Aufgabe (verschiedentlich als „Grundaufgabe" der Mechanik bezeichnet [MACKE, Teilchen, 258]) setzt Kenntnis der wirkenden Kräfte voraus, die unabhängig von der zu lösenden Aufgabe bestimmt sein müssen.

Während Anfangslage und Anfangsgeschwindigkeit unabhängig von der Bewegungsgleichung meßbar sind, lassen sich die wirkenden Kräfte nur über diese Bewegungsgleichung und das 3. NEWTONsche Axiom bestimmen.

Somit tritt neben die erstgenannte Aufgabe der klassischen Mechanik noch eine zweite, völlig gleichberechtigte: In Kenntnis der Bewegung des Massenpunktes die wirkenden Kräfte zu bestimmen.

Die weitverbreitete Auffassung, die NEWTONsche Gleichung sei ein „Kausalgesetz", scheint problematisch.

2.2.2. Ist das Newtonsche Bewegungsgesetz ein „Kausalgesetz"?

Die Auffassung, das NEWTONsche Bewegungsgesetz sei ein „Kausalgesetz", geht auf NEWTON selbst zurück und wird bis auf den heutigen Tag in vielen Physiklehrbüchern wiederholt.[11]) Außerdem hat sie Eingang in die Literatur des dialektischen Materialismus gefunden.[12]) Man versucht „kausale“ und „nichtkausale“ Gesetze zu unterscheiden, ohne allerdings Akausalität der „nichtkausalen“ Gesetze zu unterstellen.

Beschäftigen wir uns zunächst mit dem NEWTONschen Bewegungsgesetz. Wenn dieses als „Kausalgesetz“ bezeichnet wird, dann ist damit in der Regel gemeint, daß Kräfte die Ursache für Bewegungsänderung sind. Das ist aber Gl. (1), auf die man sich dabei notwendigerweise immer beruft, nicht zu entnehmen. Hier wird behauptet, daß die Änderung des Impulses $\frac{\mathrm{d}}{\mathrm{d}t}(m\boldsymbol{v})$ den wirkenden Kräften $\boldsymbol{F}$ gleich ist. Krafteinwirkung und Geschwindigkeitsänderung treten *gleichzeitig* auf. Die Gleichung gilt für jeden Zeitpunkt. Der Grund dafür, daß die Krafteinwirkung äußerer Körper der Beschleunigung proportional ist und nicht anderen kinematisch möglichen Größen, liegt außerhalb der klassischen Mechanik.

Es ist dies eine empirische Feststellung, die nur metaphysisch verabsolutiert „Denknotwendigkeit“ ist. Historisch sind Überwindungen derartiger „Denknotwendigkeiten“ im 20. Jahrhundert in der Physik an verschiedene Spielarten neopositivistischen Gedankengutes gebunden, weil der dialektische Materialismus unter Naturwissenschaftlern zu Anfang des Jahrhunderts weitgehend unbekannt blieb.

Die heute offensichtliche Abkehr führender Naturwissenschaftler vom Neopositivismus und dessen eigene Wandlung veranlaßte DEL NEGRO, von einer Konvergenz des Neopositivismus zum kritischen Realismus zu sprechen, die er gleichzeitig für den um die modernen naturwissenschaftlichen Ergebnisse bemühten dialektischen Materialismus zu konstatieren glaubt [DEL NEGRO]. Philosophische Voraussetzung dafür ist eine metaphysisch verstandene Abbildtheorie und die versuchte Ausschaltung philosophischer Aussagen über die Materiestruktur. Das gilt es im weiteren zu berücksichtigen, wenn man der angeblichen Konvergenz des dialektischen Materialismus zum kritischen Realismus offensiv zu begegnen denkt.

Kehren wir nun zurück zur klassischen Mechanik.

Wie betont, können bei bekannten Kräften durch (1) die Bahn des klassischen Körpers und bei bekannter Bahn die wirkenden Kräfte bestimmt werden. Der Gl. (1) ist ebensowenig wie anderen derartigen Gesetzen in mathematisierter Form zu entnehmen, was Ursache und was Wirkung. Angesichts der in beschleunigten Bezugssystemen (nichtinertiale Systeme) auftretenden „Scheinkräfte", die für den betroffenen Beobachter sehr reale Wirkungen darstellen, scheint es nicht berechtigt zu sein, die Kraftterme der NEWTONschen Bewegungsgleichung immer mit Ursachen zu identifizieren, deren Wirkungen Bewegungsänderungen darstellen.[13])

Es besteht also kein Grund für die generelle Identifikation von Kräften und Ursachen, sowie Bewegungsänderungen (Impulsänderungen) und Wirkungen. Und das ist ausschließlich beim mechanistischen Verständnis der Kausalität verwunderlich. Es erweist sich für die nachfolgenden Betrachtungen als sinnvoll, dieses Kausalitätsverständnis hier bereits zu zerstören, obwohl das für die klassische Mechanik selbst wenig Bedeutung hat, insbesondere keinerlei Konsequenzen für den Aufbau der Theorie nach sich zieht. Kann aber jetzt gezeigt werden, daß die NEWTONsche Gleichung nicht als „Kausalgesetz" aufzufassen ist, so fallen viele der im Zusammenhang mit der statistischen Physik und der Quantenphysik gehörten Behauptungen der „Akausalität" dieser Theorien in sich selbst zusammen.

HEGEL führt in der „Wissenschaft der Logik" die Kategorie Kausalität bei den Betrachtungen zur Unendlichkeit an. Er betont, daß Ursache und Wirkung untrennbar seien: „Eine Ursache, die keine Wirkung haben sollte, ist nicht Ursache, wie die Wirkung, die keine Ursache hätte, nicht mehr Wirkung". Es wird festgestellt:

„Dies Verhältnis gibt daher den unendlichen Prozeß von Ursachen und Wirkungen“ [HEGEL, I, 141].

Eine auf Kausalanalyse orientierte Wissenschaft könnte bei der Untersuchung eines Einzelereignisses nie zum Ziele kommen, da jede von ihr festgestellte Ursache wiederum Wirkung einer anderen Ursache ist. Für den dialektischen Materialismus gibt es keinen Grund, eine Erstursache anzunehmen; die Bewegung der Materie ist als Selbstbewegung verständlich.

„Kausalität ist die direkte, konkrete und fundamentale Vermittlung des Zusammenhanges zwischen Erscheinungen und Prozessen, wobei der eine Prozeß (Ursache) den anderen (Wirkung) hervorbringt“ [HÖRZ, 1974a, 97]. Dieser Zusammenhang ist nirgends unterbrochen, andernfalls wären Wunder möglich (ursachelose Ereignisse). In der experimentellen wissenschaftlichen Praxis machen wir ebenso wie in der Industrie und allen anderen Bereichen menschlichen Handelns die Probe auf die Kausalität. Alle auf HUME zurückgehenden Einwände, daß nicht eigentlich Kausalität sondern lediglich ein zeitliches Aufeinandertreffen bestimmter Zustände beobachtbar sind, werden von ENGELS mit dem Hinweis auf die Praxis des Menschen empfindlich getroffen. „Das erste, was uns bei der Betrachtung der sich bewegenden Materie auffällt, ist der Zusammenhang der Einzelbewegungen einzelner Körper unter sich, ihr *Bedingtsein* durch einander. Wir finden aber nicht nur, daß auf eine gewisse Bewegung eine andre folgt, sondern wir finden auch, daß wir eine bestimmte Bewegung hervorbringen können, indem wir die Bedingungen herstellen, unter denen sie in der Natur vorgeht, ja daß wir Bewegungen hervorbringen können, die in der Natur gar nicht vorkommen (Industrie), wenigstens nicht in dieser Weise, und daß wir diesen Bewegungen eine vorher bestimmte Richtung und Ausdehnung geben können. *Hierdurch*, durch die *Tätigkeit des Menschen*, begründet sich die Vorstellung von *Kausalität*, die Vorstellung, daß eine Bewegung die *Ursache* einer andren ist“ [MEW, 20, 497–498].

Bei HEGEL wird die Kausalität in der Wechselwirkung aufgehoben [HEGEL, II, 202–205]. LENIN vermerkt in seinem Konspekt zu den entsprechenden Ausführungen: „Ursache und Wirkung ergo nur Momente der weltumfassenden wechselseitigen Abhängigkeit des (universellen) Zusammenhangs, der wechselseitigen Verkettung der Ereignisse, nur Glieder in der Kette der Entwicklung der Materie“ [LW, 38, 149/150].

ENGELS schreibt: „Um die einzelnen Erscheinungen zu verstehen, müssen wir sie aus dem allgemeinen Zusammenhang reißen, sie isoliert betrachten, und *da* erscheinen die wechselnden Bewegungen, die eine als Ursache, die andre als Wirkung“ [MEW, 20, 499].

Kausalität und Wechselwirkung sind nur in ihrer dialektischen Einheit zu verstehen.[14]) Im übrigen schien es LENIN nicht zufällig, daß sich HEGEL mit dem Lieblingsthema der Kantianer nicht sonderlich lange aufgehalten hat [LW, 38, 153].

Beim praktischen Versuch, objektive Prozesse in einen Komplex von Kausalbeziehungen zu zerlegen, der in jedem Falle endlich sein müßte, kann man sich leicht von der Einseitigkeit einer solchen Forschungsmethode überzeugen.

In seinem Bemühen, Dialektik für die wissenschaftliche Forschung fruchtbar zu machen, kritisierte ENGELS im Anschluß an HEGEL die metaphysische Trennung von Ursache und Wirkung des mechanischen Materialismus und kam zu der Schlußfolgerung, „daß Ursache und Wirkung Vorstellungen sind, die nur in der Anwendung auf den einzelnen Fall als solche Gültigkeit haben, daß sie aber, sowie wir den einzelnen Fall in seinem allgemeinen Zusammenhang mit dem Weltganzen betrachten, zusammengehen, sich auflösen in der Anschauung der universellen Wechselwirkung, wo Ursachen und Wirkungen fortwährend ihre Stelle wechseln“ [MEW, 20, 21–22].

Bereits im NEWTONschen Bewegungsgesetz wird deutlich, daß der einzelne Fall nicht unbedingt „in seinem allgemeinen Zusammenhang mit dem Weltganzen“ betrachtet werden muß. Es genügt schon, ihn in einem größeren Zusammenhang zu stellen, wenn Ursachen in Wirkungen und Wirkungen in Ursachen übergehen sollen.

Jeder Kausalzusammenhang ist in einen größeren Zusammenhang eingebettet, der oftmals nicht einmal näherungsweise auf die Summe einzelner Kausalbeziehungen zu reduzieren ist. Darin liegt der Grund, daß man in der marxistisch-leninistischen Literatur die einzelne Kausalbeziehung nicht mehr als notwendige bestimmt. Notwendig wird sie erst im Gesamtzusammenhang. Deshalb wäre es unzweckmäßig, die Kausalrelation mit einer logischen Implikation zu identifizieren. Zweifellos läßt sich die logische Struktur des Kausalprinzips in einer mathematisierten Naturwissenschaft dergestalt darstellen. Das bedeutet jedoch nicht, daß es sinnvoll wäre, so etwas auf die Ebene des philosophischen Begriffes zu übertragen. Deshalb ist die philosophische Kategorie der Kausalität nicht mit einem im Rahmen einer oder mehrerer Wissenschaften formulierten Kausalprinzip zu identifizieren.[15])

Die von HEGEL aufgedeckte Dialektik von Ursache und Wirkung macht in ihrem materialistischen Verständnis deutlich, daß es nicht Ziel wissenschaftlicher Forschung sein kann, die Ursachen eines Einzelereignisses restlos aufzuklären. Zweifelsohne stellt das in verschiedenen Gebieten notwendige Suchen nach den Ursachen für Einzelereignisse auch Anforderungen an die Wissenschaft, die sie aber nur dann optimal befriedigen kann, wenn sie ihr eigenes Ziel verfolgt. Und Ziel wissenschaftlicher Forschung ist es — wie eingangs betont — objektive Gesetze für immer umfassendere Bereiche der Realität in wissenschaftlichen Gesetzen und ihren Bedingungen im Rahmen von Theorien und Theoriegefügen abzubilden, d. h. also allgemein-notwendige und wesentliche Beziehungen für die entsprechenden Bereiche aufzufinden. Für die Existenz derartiger Zusammenhänge ist durchgängige Kausalität Voraussetzung.

Aus einem undifferenzierten System von Kausalbeziehungen, Bedingungen (denen letztendlich auch wieder Komplexe von Kausalbeziehungen zugrunde liegen) und deren Aufgehen im universellen Zusammenhang werden mit dem Gesetz objektive Zusammenhänge abgehoben, die allgemein — notwendig und wesentlich sind. Das bedingt aber keineswegs die Kenntnis aller durch Kausalität bestimmten Zusammenhänge. Derartiges käme einer Proklamation gleich, nach der es unmöglich ist, in der objektiven Realität bestimmte Teilbereiche unter einer vorgegebenen Zielstellung und mit angebbaren Bedingungen (charakterisieren den Gültigkeitsbereich der gewonnenen Erkenntnisse) herauszulösen und isoliert zu untersuchen. Wer also sämtliche Kausalbeziehungen als Grundlage für Gesetzeserkenntnis ansieht, müßte praktisch auf Gesetzeserkenntnis verzichten.

Kausalanalyse für den Einzelfall und Erkenntnis gesetzmäßiger Zusammenhänge für eine Klasse von Objekten sind nur dann keine unauflösbaren Widersprüche, wenn man die Dialektik von Allgemeinem, Einzelnem und Besonderem berücksichtigt: „Das Einzelne existiert nicht anders als in dem Zusammenhang, der zum Allgemeinen führt. Das Allgemeine existiert nur im Einzelnen, durch das Einzelne. ... Jedes Allgemeine ist (ein Teilchen oder eine Seite oder das Wesen) des Einzelnen. Jedes Allgemeine umfaßt nur annähernd alle einzelnen Gegenstände. Jedes Einzelne geht unvollständig in das Allgemeine ein usw. usw. Jedes Einzelne hängt durch Tausende von Übergängen mit einer anderen *Art* Einzelner (Dinge, Erscheinungen, Prozesse) zusammen usw." [LW, 38, 340].

Der Ausgangspunkt zu diesen Betrachtungen über die Kausalität lag in der Bezeichnung der NEWTONschen Bewegungsgleichung als „Kausalgesetz". Wir hatten gesehen, daß die Unterscheidung „kausaler" und „nichtkausaler" Gesetze auf metaphysische Kausalitätsvorstellungen zurückgeht und deshalb weder in der Physik noch anderswo sinnvoll erscheint. In der Aufgabe solcher

Unterscheidungen werden auch die sprachlich naheliegenden Assoziationen zur „Akausalität" vermieden.

Bei derartigen Diskussionen gilt es generell zu beachten, daß Begriffe benutzt werden, die einerseits eine philosophische Tradition besitzen und andererseits — ganz im Sinne des dialektischen Materialismus — Ergebnisse der natur- und gesellschaftswissenschaftlichen Forschung zu berücksichtigen haben.

Naturwissenschaftler, die sich um eine philosophische Durchdringung ihrer Wissenschaft bemühen, unterstellen teilweise — ganz im Gegensatz zur Naturwissenschaft — der Philosphie unveränderliche Begriffe, verhalten sich insofern metaphysisch. In einer derartigen Situation scheint es der Entwicklung des dialektischen Materialismus wenig dienlich, wenn man einzelwissenschaftliche Begriffe einer bestimmten Entwicklungsstufe unbesehen als philosophische Begriffe ausgibt, ganz davon zu schweigen, daß auf diese Weise keine philosophisch neue Frage gestellt oder eine alte teilweise beantwortet würde.

Nennen Physiker im Anschluß an Newton das Bewegungsgesetz der klassischen Mechanik ein „Kausalgesetz", so darf das nicht Anlaß für eine philosophische Begriffsbildung sein, die wegen der sprachlichen Assoziationen zur „Akausalität" nichts anderes als Verwirrung stiften kann.

Geforderte begriffliche Klarheit ist nur zu erreichen, wenn man Beziehungen zwischen den philosophischen und den naturwissenschaftlichen Begriffen herstellt. Dabei muß betont werden, daß sowohl die einzelwissenschaftlichen als auch die philosophischen Begriffe Wandlungen unterliegen, die der Dialektik des Erkenntnisprozesses unterworfen sind.

Die Darstellung der dialektisch-materialistischen Position zur Kausalität verfolgte noch einen anderen Zweck. Sie sollte deutlich machen, warum im weiteren *keine* Erörterungen mehr über die Fragen der Kausalität in der Physik zu finden sind. Das hat nichts mit einer Annäherung an die den Hume-Berkeleyschen Traditionen verpflichteten Positionen zahlreicher neopositivistischer Vertreter der „Philosophy of Science" zu tun.

Über empirisch prüfbare Kausalbeziehungen gelangt man zu jener in der NEWTONschen Bewegungsgleichung vorliegenden Beziehung, aus der Kausalität nicht mehr unmittelbar ablesbar ist. Die aus dem Zusammenhang gerissene Erscheinung ist über diese Gleichung wieder in den allgemeinen Zusammenhang gebracht. Die NEWTONsche Gleichung stellt eine erste grobe Abbildung universeller Wechselwirkung in ihrer mechanischen Form dar. CHEW, GEL-MANN, ROSENFELD verweisen darauf, daß „in der modernen Physik die Begriffe Kraft und Wechselwirkung vollkommen gleichbedeutend" sind [CHEW, 697].

Obwohl die NEWTONsche Gleichung über Kausalrelationen gewonnen wurde, ist sie selbst keine solche Relation. Wer das Gegenteil behauptet, verkennt, daß naturwissenschaftliche Gesetze nicht in einer Verallgemeinerung empirischer Meßdaten gewonnen werden, sondern zunächst hypothetisch angenommene mathematische Strukturen darstellen, die sich im noch zu erforschenden Anwendungsbereich sowohl im bereits vorhandenen theoretischen System als vor allem in den empirischen Überprüfungen (Beobachtung und Experiment) zu bewähren haben.

In physikalischen Bewegungsgesetzen handelt es sich immer um die auf der Grundlage von Bewegungsgleichungen erfolgende Erklärung der Zustandsfolge eines physikalischen Systems. Verschiedentlich werden auch die aufeinander folgenden Zustände als kausale Zusammenhänge angesehen. SVEČNIKOV G. A. hat den Unterschied von Zustandsfolgen und kausalen Zusammenhängen herausgearbeitet. Nach ihm bezieht sich Kausalität immer auf den Zusammenhang *zweier* Objekte (das eine bringt ein anderes hervor), während eine Zustandsfolge die Zustandsänderungen *eines* Objektes bezüglich eines anderen erfaßt. Die Unterscheidung „kausaler" und „nichtkausaler" Gesetze wird auch dadurch nicht sinnvoller, daß man etwa die Zustandsfolgen als „kausale" Gesetze erklärt, während in den Erhaltungssätzen „nichtkausale" Gesetze vorliegen.

Indem physikalische Zustände miteinander verbunden sind, werden Komplexe von Kausalrelationen indirekt erfaßt. Somit sind Bewegungsgleichungen eine Möglichkeit zur Abbildung kausaler Zusammenhänge. Eine andere Möglichkeit ist in den Erhaltungssätzen zu sehen, die, insofern Bewegungsgleichungen existieren, Integrale dieser Gleichungen darstellen. Nach dem NOETHERschen Theorem entsprechen jedem dieser Erhaltungssätze bestimmte Raum-Zeit-Eigenschaften [SCHMUTZER, 1972]. Durch die bestimmten raum-zeitlichen Symmetrien entsprechenden Erhaltungssätze wird auf die Bedingtheit der Trennung von Bewegung, bewegtem Objekt und Raum-Zeit in den Bewegungsgesetzen der Physik verwiesen. Philosophisch ist die Einheit von Materie, Bewegung, Raum und Zeit hervorzuheben. Die analytisch vorgehende Wissenschaft muß diese Beziehungen teilweise auseinanderreißen und es ist zu erwarten, daß man in der Physik selbst auf die Grenzen dieses Verfahrens stößt. Das müssen keine Erkenntnisschranken sein. Es kann nicht behauptet werden, daß physikalische Bewegung nur in Bewegungsgleichungen erklärbar wäre. Andere gesetzmäßige Zusammenhänge werden bereits detailliert untersucht. Es scheint aber noch zu früh, diese Entwicklung philosophisch zu verallgemeinern. Die Struktur einer einheitlichen Elementarteilchentheorie ist noch nicht zu erkennen.

Zusammenfassend läßt sich konstatieren:

Allen physikalischen Gesetzen liegen Komplexe von Kausalbeziehungen zugrunde. Sie werden aber weder aus der Analyse der Kausalbeziehungen deduktiv gewonnen, noch stellen sie ausschließlich Abbildungen kausaler Zusammenhänge dar. Sie sind eine qualitativ andere Zusammenhangsform. Der dialektische Determinismus ist weder mit der Behauptung der Existenz objektiver Gesetze in Natur, Gesellschaft und im Denken identisch, noch kann er im engeren Sinne auf Kausalität reduziert werden. In ihm wird das gesamte Spektrum objektiver Zusammenhangsformen erfaßt, angefangen bei Kausalrelationen bis hin zu den gesetzmäßigen Zusammenhängen größtmöglicher Komplexität. Bei der Untersuchung von Fragen des Determinismus in der Physik geht es vor allem um Gesetze. Da in allen bisherigen physikalischen Theorien Bewegungsgesetze von fundamentaler Bedeutung waren, konzentrieren wir uns auf die physikalischen Bewegungsgleichungen und kehren nun zum Newtonschen Bewegungsgesetz zurück.

2.2.3. Analyse der Bedingungen des Newtonschen Bewegungsgesetzes

In der klassischen Mechanik ist das Newtonsche Bewegungsgesetz das den Gültigkeitsbereich dieser Theorie bestimmende Grundgesetz. Die Übereinstimmung experimentell und beobachtungsmäßig gewonnener Daten mit den aus der Theorie ermittelten Voraussagen im Rahmen der ebenfalls durch die Theorie bestimmten Fehlergrenzen demonstriert die Gültigkeit dieses Gesetzes innerhalb des Komplexes seiner Wirkungsbedingungen. Diese Wirkungsbedingungen gilt es jetzt zu untersuchen.

Die Newtonsche Gleichung beschreibt Bewegungen relativ isolierter Objekte. Diese verfügen über eine Reihe physikalisch meßbarer Eigenschaften wie Masse, Lage, Geschwindigkeit und Beschleunigung. Die Masse ist eine Eigenschaft, die dem Objekt selbst zukommt. Lage, Geschwindigkeit und Beschleunigung sind Eigenschaften, die ihm in bezug auf andere Objekte zukommen. Diese Beziehungen werden in einem mit anderen mechanischen Objekten verknüpften Bezugssystem abgebildet. Auf den in einem solchen Bezugssystem als Massenpunkt abbildbaren klassischen Körper wirken Kräfte.

Die genannten Eigenschaften sind in der Theorie durch physikalisch interpretierte mathematische Größen erfaßt.

Die NEWTONsche Bewegungsgleichung setzt als spezifische Wirkungsbedingung die Existenz der Größen m, $\boldsymbol{r}(t)$, $\frac{d\boldsymbol{r}}{dt} = \boldsymbol{v}$, $\frac{d\boldsymbol{v}}{dt}$ und $\boldsymbol{F}$ voraus. Diese Größen werden entsprechend dem Modell der Theorie als Eigenschaften von Massenpunkten, deren Beziehungen und Wechselwirkungen unterstellt.

Bisher wurde von der mathematischen Beschreibung des Verhaltens von Massenpunkten gesprochen, wohlwissend, daß damit Bewegungen realer Körper widergespiegelt sind.

Jetzt muß auf die Dialektik des Widerspiegelungsprozesses in der Physik eingegangen werden. Solche Fragen spielen immer dann eine Rolle, wenn Beziehungen zwischen den in der mathematisierten physikalischen Theorie fixierten Größen und den experimentell gemessenen Größen herzustellen sind. Im betrachteten Fall werden experimentell bestimmte Anfangsbedingungen (2) und experimentell oder theoretisch gefundene Kräfte in die Theorie eingebracht und die dann berechneten Werte mit empirischen Sachverhalten wieder in Beziehung gesetzt.

In der klassischen Mechanik widmet man der Widerspiegelungsproblematik kaum Beachtung. Es dürfte jedoch nicht gelingen, Fragen der Widerspiegelung objektiver Naturdialektik in mathematisierten physikalischen Theorien aufzuklären, wenn man den unter der Vorherrschaft des mechanischen Materialismus erzeugten Glauben, nach dem die theoretische Mechanik mit „rein empirischen" Ausgangsdaten zu „empirisch prüfbaren" Schlüssen kommt, nicht systematisch abbaut. Diese Vorstellung würde — wäre sie berechtigt — die in 2.1. kritisierte Auffassung stützen, daß die klassische Mechanik metaphysisch sei.

Eine der entscheidenden erkenntnistheoretischen Ursachen für die Dialektikfeindlichkeit vieler neopositivistischer Strömungenin der "Philosophy of Science" ist darin zu sehen, daß dort der mechanische Materialismus unanalysiert als eine der klassischen Mechanik im wesentlichen adäquate Philosophie angesehen wird. Um so mehr muß dem dialektischen Materialismus am Nachweis gelegen sein, daß der mechanische Materialismus und insbesondere seine Determinismuskonzeption selbst der klassischen Mechanik widerspricht. Das soll hier gezeigt werden. Dabei darf natürlich keine aus philosophischen Überlegungen abgeleitete definitorische Entscheidung zugunsten eines bestimmten, in physikalischen Theorien einzusetzenden Determinationstyps angestrebt werden.

Im folgenden geht es keineswegs um eine „Verbesserung" der klassischen Mechanik. In Übereinstimmung mit allen Physikern wird die klassische Mechanik als eine für den Stand experimentell erreichbarer Meßgenauigkeit hinreichend genaue Widerspiegelung mechanischer Bewegungen klassischer Körper angesehen. Zur Diskussion steht die philosophische Interpretation der Theorie; und die fällt etwas anders aus, als das in verschiedenen Physiklehrbüchern der Fall ist. Dabei ist zu betonen, daß das für die klassische Mechanik selbst ohne nennenswerte Konsequenz bleibt, möglicherweise aber die Diskussionen um andere physikalische Theorien beeinflussen wird.

In 1.2. war begründet, warum es sinnvoll erscheint, davon auszugehen, daß keine der existierenden mathematisierten physikalischen Theorien mit Größen arbeitet, die in dieser Form unmittelbar den Objekten ihres Gültigkeitsbereiches zukommen. Das läßt sich auch für die klassische Mechanik zeigen.

Die in der Theorie fixierten Größen m, $\boldsymbol{r}(t)$, $\boldsymbol{v}(t)$, $\frac{\mathrm{d}\boldsymbol{v}}{\mathrm{d}t}$ und $\boldsymbol{F}$ müssen Sachverhalte der objektiven Realität abbilden. In der klassischen Mechanik geht man davon aus, daß die Größen $\boldsymbol{r}(t)$ und $\boldsymbol{v}(t)$ unabhängig voneinander und gleichzeitig zu einem Zeitpunkt t eindeutig bestimmbar sind. Das heißt, diese Größen sind physikalisch beobachtbar. Für sie existieren Meßverfahren, die bei immer weiterer Verfeinerung der benutzten Geräte und Verfahren im Grenzwert den genauen Wert dieser Größen liefern. Jeder Körper hat für die klassische Mechanik eine eindeutig bestimmte träge Masse, die der schweren Masse gleich ist, und unterliegt der Einwirkung eindeutig bestimmter Kräfte $\boldsymbol{F}$. Daß die Werte all dieser Größen experimentell immer nur innerhalb bestimmter Meßgenauigkeiten zu ermitteln sind, führt in der Regel nicht zur Aufgabe der Vorstellung objektiv scharf bestimmter Größen. Der auf der Basis des Determinationstyps I erzielte Erfolg der klassischen Mechanik macht das innerhalb ihres Gültigkeitsbereichs auch nicht erforderlich.

Es muß betont werden, daß es sich bei der Vorstellung objektiv scharf bestimmter Meßgrößen um eine *Annahme* handelt. Deren Berechtigung ist durch den Erfolg der Theorie ausgewiesen. Es bleibt jedoch eine durch keinen empirischen Beweis zu bekräftigende Annahme. Diese könnte — eben weil sie Annahme ist — auch durch eine andere ersetzt werden. Von einer anderen Annahme wäre zu fordern, daß sie — soll sie von wissenschaftlichem Wert sein — ebenso erfolgreich im Gültigkeitsbereich der Theorie sein müßte. Das heißt, sie dürfte vor allem empirischen Sachverhalten nicht widersprechen. Ihre *Notwendigkeit* könnte sie erst dadurch nachweisen, daß sie entweder wesentliche Vorteile für den Aufbau der Theorie bzw. Rechenvorteile mit sich bringt oder noch besser dann, wenn durch sie der bisherige Gültigkeitsbereich der Theorie erweiterungsfähig wird. Die *Berechtigung* einer von der üblichen abweichenden Annahme, die den empirischen Sachverhalten nicht widerspricht, ist aber keinesfalls daran gebunden. Sie ist einfach dann gegeben, wenn nachgewiesen ist, daß es sich bei der Verwendung des Determinationstyps I in der klassischen Mechanik um eine Annahme handelt. Darauf soll jetzt näher eingegangen werden.

Wie bereits betont, sind alle empirischen Messungen mit Meßfehlern behaftet. Systematische Fehler sollen ausgeschlossen sein. Mittels Verfeinerung der Meßtechnik und der Meßprozesse gelingt es, die Meßgenauigkeit zu erhöhen. Durch Berechnungen innerhalb von Meßserien gleicher Messungen können Meßfehler wahrscheinlichkeitstheoretisch um so genauer kalkuliert werden, je länger die Meßserien sind. Während die Meßfehlerberechnungen die jedem Meßverfahren eigenen Meßgenauigkeiten zutage fördern, kann durch den wissenschaftlich-technischen Fortschritt die Meßgenauigkeit erhöht werden. Dabei spielen in vielen Bereichen Anwendungen der mathematischen Statistik eine große Rolle. So gelingt es heute beispielsweise mittels komplizierter mathematischer Verfahren aus einem starken Rauschen nützliche Signale zu filtern, die mit herkömmlichen Decodierungsmethoden nicht wahrnehmbar sind. Die Steigerung der Meßgenauigkeit ist also neben der Verbesserung der Meßapparaturen auch an den Fortschritt der mathematischen Grundlagenforschung gebunden und benötigt vor allem Erkenntnisse der angewandten Wahrscheinlichkeitstheorie.

Verbleiben wir im Bereich der klassischen Mechanik[16]) und stellen die Frage: Ist eine Steigerung der Meßgenauigkeit ohne Grenze möglich? Relativ leicht wird man sich über die praktische Erreichbarkeit eines absolut genauen Meßverfahrens einigen können. Offensichtlich steigt mit der Erhöhung der Genauigkeit eines Meßresultats in der Regel der zu betreibende Aufwand. Die Frage nach dem Nutzen eines „übertrieben" genauen Meßresultats interessiert in diesem Zusammenhang nicht (vgl. 2.21). Es geht ausschließlich um die Frage nach der Möglichkeit eines unendlich genauen Meßergebnisses. Dafür wird man einen unendlichen Aufwand treiben müssen, so daß von einer praktischen Erreichbarkeit nicht gesprochen werden kann.

Dies gilt beispielsweise auch für die Feststellung der genauen Positionen von Himmelskörpern. Da uns nie ein Meßgerät zur Verfügung stehen wird, das unendliche Meßgenauigkeit zu erreichen gestattet, können zwar die Messungen durch Beobachtungen über längere Zeit ständig weiter verfeinert werden. Dabei werden die früheren Messungen anhand der späteren über die Lösung der Bewegungsgleichung immer wieder präzisiert. Unendliche Meßgenauigkeit für die Position eines Himmelskörpers zu einem Zeitpunkt würde aber auch dann bei allen praktisch zur Verfügung stehenden Meßinstrumenten eine unendliche Meßzeit erfordern; die dürfte kaum zur Verfügung stehen. Mindestens ist nicht zu erwarten, daß es auch nur einen Himmelskörper gibt, der unendlich lang währender Beobachtung zugänglich bleibt. Ein absolut genaues Meßverfahren ist also praktisch *niemals* zu erreichen, auch nicht in der Himmelsmechanik.

Gibt es aber prinzipiellere Gründe, die ein solches Verfahren unmöglich machen? Bei den bisherigen Erörterungen wurde völlig außer acht gelassen, daß man in der heutigen Meßpraxis bereits auf Phänomene stößt, die weitere Ausführungen zu diesem Thema gegenstandslos machen. Die real beobachtbaren Zitterbewegungen eines BROWNschen Teilchens, Fluktuationen aller physikalischen Meßgrößen und das Rauschen bei elektromagnetischen Signalen sind Erscheinungen, die allen Messungen Genauigkeitsgrenzen vorgeben. Derartige Erscheinungen weisen über die klassische Mechanik hinaus und finden ihre Erklärung in der statistischen Physik. Im Rahmen der klassischen Mechanik werden alle statistischen Schwankungen als Störungen der eindeutig bestimmten Größen verstanden. Diese Größen erfassen also die notwendig sich verwirklichenden Möglichkeiten des statistischen Gesetzes. Damit sind keinesfalls zufällige Schwankungen ausgeschlossen, sie bleiben dieser Theorie jedoch etwas Äußeres. Trotzdem ist auch auf dieser Erkenntnisstufe die Dialektik von Notwendigkeit und Zufall zu erkennen. Notwendiges setzt sich in den zufälligen Schwankungen durch. Die Existenz derartiger statistischer Phänomene im dynamischen Gesetz geht in die Begleitbedingungen des Gesetzes ein. Das sind jene Bedingungen, die Wesen, Inhalt und Struktur des Gesetzes nicht beeinflussen, also weder hinreichend noch notwendig für die Existenz des Gesetzeszusammenhanges sind, aber bei jeder Verwirklichung der im Gesetz erfaßten Möglichkeiten Wirkungen zeigen, die nicht durch Modifikation der Bewegungsgleichung erfaßbar sind.

Zur Kalkulation statistischer Schwankungen muß man die statistische Physik einschalten, die zunächst noch außerhalb der Betrachtung bleiben soll. Wenn sich dort herausstellt, daß diese Schwankungen prinzipiell nicht mittels dynamischer Gesetze erfaßbar sind, so wird das der definitive Nachweis, daß auch theoretisch unendliche Meßgenauigkeit ausgeschlossen bleibt. Vorwegzunehmen ist jetzt schon, daß ein derartiger Beweis bislang noch nicht existiert. Ein Grund, die Annahme der Unmöglichkeit unendlicher Meßgenauigkeit zu bezweifeln, ist aber ebenfalls nicht erkennbar.

Bislang wurde vernachlässigt, daß jeder Meßprozeß eine Wechselwirkung zwischen dem Meßgerät und dem zu messenden Objekt voraussetzt. Dieser Aspekt ist durch die Quantenmechanik nachhaltig in Erinnerung gerufen worden, obwohl er auch in allen anderen physikalischen Theorien vorhanden ist. In der klassischen Mechanik der Makroobjekte konnte man allerdings, so wie in der gesamten klassischen Physik, davon ausgehen, daß die Wirkung des Meßgerätes auf das Meßobjekt vernachlässigbar klein ist. Das ist im Bereich der Mikroobjekte nicht mehr möglich. Bohr vermerkte, „daß die in der Physik vorliegende neue Situation uns so eindringlich an die alte Wahrheit erinnert hat, daß wir sowohl Zuschauer als auch Teilnehmer in dem großen Schauspiel des Daseins sind" [Bohr, 78]. In dieser Position wird die für die metaphysische Erkenntnistheorie charakteristische Trennung von Erkenntnisobjekt und erkennendem Subjekt aufgegeben. Dialektisch-materialistische Erkenntnistheorie geht immer davon aus, daß man über die objektive Realität aus Beobachtung und Experiment Kenntnis erlangt. In der Beobachtung gibt es keine nennenswerten, das Erkenntnisobjekt störenden Eingriffe des Beobachters. Jedes Experimentieren hingegen ist eine nachhaltige Einwirkung des Erkenntnissubjektes auf das Erkenntnisobjekt. In beiden Fällen aber werden Erkenntnisse nicht in der metaphysischen Trennung von Objekt und Subjekt gewonnen, sondern nur in ihrem Zusammenschluß. Die so gewonnenen Kenntnisse werden dann, wenn es sich um gesetzmäßige Zusammenhänge handelt, auf die unbeobachteten Erscheinungen und Prozesse ausgedehnt. Die Grenzen, bis zu denen das ohne Komplikationen möglich ist, unterliegen wiederum der Forschung. Es gilt beispielsweise zu klären, wie es trotz der im Experiment eingebrachten Störungen gelingt, Aussagen über den experimentell ungestörten Prozeß zu machen.

Mit dem von Brillouin versuchten informationstheoretischen Zugang kann man solche Fragen mathematischer Behandlung zuführen und dabei klären, ob es prinzipielle Grenzen für Meßgenauigkeiten gibt. Nach Brillouin ist jede Messung mit Entropieproduktion verbunden, die dabei gewonnene Informationsmenge (beseitigte Unbestimmtheit) geht zu Lasten der Negentropie (negative Entropie des Systems). Die Summe der negativen thermodynamischen Entropie und der informationstheoretischen Entropie (Negentropie, Maß der beseitigten Unbestimmtheit) ist eine systeminvariante Größe, also beobachtungsunabhängig, und kann nur negativ oder gleich Null sein.[17]) Der zweite Hauptsatz der Thermodynamik wird somit auf ein System, der Beobachter und Beobachtungsobjekt einschließt, erweitert [Brillouin, 1956 und 1964]. Das macht deutlich, daß es auch theoretische Grenzen für die Meßgenauigkeit gibt. Es ist unmöglich, unendlich hohe Meßgenauigkeit zu erzielen, ohne das Erkenntnisobjekt selbst zu stören.

Brillouin hat sich in der erwähnten Arbeit 1964 von philosophischen Fragestellungen distanziert. Dabei geht er aber implizit davon aus, daß die von der klassischen Mechanik gemachte Annahme (Gültigkeit des Determinationstyps I) die einzigmögliche ist. Er unterstellt also ebenfalls die mathematischen Größen der objektiven

Realität und muß so zur Negation objektiver Naturdialektik kommen. Positivistischer Philosophieverzicht führt ihn in diesem Punkt zu einer metaphysischen Position, obwohl er generell philosophische Positionen ja gerade vermeiden wollte. Für ihn sind die Fragen des Meßprozesses ausschließlich erkenntnistheoretische Fragestellungen. Es ist aber deutlich geworden, daß Meßprozessen darüber hinausreichende Annahmen über die Struktur der Materie zugrunde liegen. Diese Annahmen gehen in der Regel in ein vor allen Dingen weltanschaulich bestimmtes naturwissenschaftliches Weltbild ein. BRILLOUINS Überlegungen wurden deshalb angeführt, weil sie erneut verdeutlichen, daß auch der klassischen Mechanik *empirisch prinzipiell nicht zu beweisende Annahmen* zugrunde liegen. Die klassische Mechanik ist also Resultat dialektisch-materialistischer Abbildung. Das heißt auch in der klassischen Mechanik ist eine dialektische Einheit von Abbild und Entwurf realisiert. Es wird mit mathematischen Größen gearbeitet, die Annahmen enthalten, welche sich nicht aus Messungen ergeben. Mehr noch: diese Annahmen lassen sich prinzipiell nicht empirisch begründen. Auf der Basis derartiger Annahmen gelingt es aber, allgemein-notwendige und wesentliche Beziehungen aller mechanischen Bewegungen von Makrokörpern abzubilden.

Durch solche Überlegungen kann selbst für die klassische Mechanik die Haltlosigkeit positivistischer Forderungen verdeutlicht werden, nach der physikalische Theorien nur von beobachtbaren Größen auszugehen haben.[18]) In die Beobachtung werden immer von theoretischen Konzeptionen bestimmte Annahmen eingebracht. Die des scharf bestimmten Ortes eines klassischen Körpers in der klassischen Mechanik ist ein Beispiel. Mit diesen Annahmen lassen sich Messungen bis zu bestimmten Grenzen sinnvoll interpretieren. Es gibt aber, wie die Existenz derartiger Grenzen zeigt, keinen Grund für die Auffassung, diese Annahmen seien direkter Beobachtung zugänglich.

Eine solche Kritik trifft auch die verfeinerte Form der angeführten Forderung wie sie im Operationalismus BRIDGMANS vorliegt. Danach soll jede benutzte physikalische Größe durch physikalische Operation bestimmt sein. Die Größen der klassischen Mechanik sind, wie wir gesehen haben, nicht allein durch physikalische Operationen bestimmt. Das bestreitet auch BRIDGMAN nicht, der zwischen instrumentellen und „Papier- und Bleistift“-Operationen unterscheidet. Er fordert, daß die letzteren mit den ersteren verbunden werden können, weil das die einzige Garantie sei, physikalisch richtige Ergebnisse zu erhalten. BRIDGMAN betont zwar, daß es keine physikalische Operation gibt, die genau der mathematischen Operation des Grenzübergangs entspricht, wie sie beispielsweise für die klassisch-mechanische Bestimmung der Geschwindigkeit als Differentialquotient des Weges nach der Zeit benötigt würde. Er unterschätzt aber die Rolle der in jeder physikalischen Theorie gemachten Annahmen, wenn er diesen Umstand als nicht besonders schwerwiegend ansieht und ein in differentieller Form formuliertes Naturgesetz für etwas hält, „von dem es sinnvoll ist zu sagen, daß man es direkt verifizieren kann“ (BRIDGMAN in [KRÜGER, 63]).

Die Geschwindigkeit ist in der klassischen Mechanik als Differentialquotient des Weges nach der Zeit mathematisch über den Grenzwert des entsprechenden Differenzenquotienten für gegen Null gehende Differenzen bestimmt. Ein Meßprozeß wäre selbst bei Annahme der unendlich hohen Meßgenauigkeit beider Differenzen nicht in Übereinstimmung mit der mathematischen Definition realisierbar — er würde unendlich lange dauern. Mathematische Definitionen charakterisieren also die in der theoretischen Physik benutzten Abstrakta, sind aber niemals im strengen Sinne als Handlungsvorschriften für experimentelle Größenbestimmung anzusehen. Insofern sind also derartige mathematische Forderungen wie die Differenzierbarkeit prinzipiell nicht direkt experimentell überprüfbar.

Das gilt es im Hinblick auf die Einwürfe gegen die Häufigkeitsinterpretation der Wahrscheinlichkeit besonders zu beachten. Nicht nur das „Kollektiv" im Sinne des Aufbaus der Wahrscheinlichkeitstheorie nach MISES entzieht sich experimenteller Beobachtung [MISES, 1928].

Es ist festzuhalten: Die Größen der klassischen Mechanik sind keine Beobachtungsgrößen im Sinne des Empirismus und lassen sich nicht über physikalische Operationen allein bestimmen. Sie können nicht durch einen mathematischen Abstraktionsprozeß direkt aus der objektiven Realität gewonnen werden.[19]) Dies würde voraussetzen, daß in der objektiven Realität selbst abstrakte Beziehungen vorlägen. Sie werden in einem dialektisch-materialistischen Abbildungsverfahren gewonnen. Einmal erarbeitet, werden sie in der Theorie dann wie mathematische Abstrakta behandelt. Aus der klassischen Mechanik erwuchs die Illusion, daß in den abstrakten Größengleichungen Wirkliches, d. h. Bewirktes dargestellt sei. Eine genauere Analyse jedoch zeigt, daß hier Wirkliches in abstrakter Form als Mögliches abgebildet ist [RUBEN], das allerdings im gesamten Anwendungsbereich der klassischen Mechanik mit der uns zugänglichen Genauigkeit notwendig verwirklicht wird.

Nachdem das deutlich geworden ist, sollen nun die Abstrakta der physikalischen Theorie selbst näher untersucht werden. Der physikalische Erkenntnisfortschritt ist wesentlich mit Änderungen der zur Abbildung physikalischer Bewegung benutzten physikalisch interpretierten mathematischen Strukturen verknüpft. Bislang war die Existenz der Größen m, $\boldsymbol{r}(t)$, $\boldsymbol{v}(t)$, $\frac{\mathrm{d}\boldsymbol{v}}{\mathrm{d}t}$, F als spezifische Wirkungsbedingung für das Bewegungsgesetz der klassischen Mechanik und damit dieser Theorie geschildert worden. Wir wollen nun die dort fixierte Bewegungsauffassung näher untersuchen. Dabei gilt es zu beachten, daß allein auf Grund der Tatsache, daß eine Theorie auf der Grundlage des Determinationstyps I aufgebaut wird, eine Reihe mathematischer Forderungen an die benutzten Größen zu stellen sind, die nicht unbedingt zu den Bedingungen des Bewegungsgesetzes selbst zu zählen sind. Sie sind die Konsequenz der Bedingung, daß reale mechanische Bewegungen mit dem Determinationstyp I abbildbar ist, ihnen muß im einzelnen kein physikalischer Sinn zukommen. Würde man all den mathematischen Forderungen, die sich aus der Tatsache ergeben, daß man einen bestimmten vorgefundenen mathematischen Apparat für die Abbildung objektiv — realer Beziehungen benutzt, einen physikalischen Sinn zusprechen, dann wäre das eine Annäherung an den operationalistischen Standpunkt BRIDGMANS.[20])

Aus der Analyse der NEWTONschen Bewegungsgleichung (1) ergibt sich folgende für die klassische Mechanik charakteristische Bewegungsauffassung:

1. Die Bewegung eines *physikalischen* Objektes (charakterisiert durch seine träge Masse m, seine Lage und Geschwindigkeit) kann durch die eines *mathematischen* Punktes näherungsweise abgebildet werden.

2. Mechanische Bewegung wird bezüglich des dreidimensionalen Koordinatenraumes und der eindimensionalen Zeit erfaßt, die beide als mathematische Kontinua unterstellt sind.

3. Die betrachteten mathematischen Punkte bewegen sich auf eindeutig bestimmten Raum-Zeit-Kurven $\boldsymbol{r}(t)$.

4. Bezüglich dieser Kurven werden spezielle mathematische Annahmen gemacht. Es wird gefordert, daß $\boldsymbol{r}(t)$

a) stetig

b) zweimal nach der Zeit differenzierbar sei.

5. Eine Bewegungsänderung $\frac{\mathrm{d}}{\mathrm{d}t}(m\boldsymbol{v})$ entspricht einer Wirkung der Kräfte $\boldsymbol{F}$ und umgekehrt.

Die 1. Feststellung fixiert die Anwendung des Massenpunktmodells. Aus 2. und 3. ist ersichtlich, daß Bewegung als mathematisch eindeutige Abbildung der Menge der Zeitpunkte auf die Menge der Raumpunkte oder umgekehrt dargestellt ist, wobei Eineindeutigkeit wegen der möglichen Periodizität nicht angenommen werden soll.

Die Forderungen a) und b) des 4. Punktes sind voneinander unabhängig. Aus der Stetigkeit folgt seit WEIERSTRASS' berühmter überall stetiger aber nirgends differenzierbarer Funktion keinesfalls die Differenzierbarkeit [MANGOLDT, KNOPP, 56—63]. Die Klasse der differenzierbaren Funktionen erweist sich vielmehr als eine vergleichsweise nicht sehr mächtige Unterklasse in der Klasse der stetigen Funktionen.

Alle fünf Eigenschaften der klassisch-mechanischen Bewegungsauffassung sind logisch unabhängig, ergeben sich genauso wenig wie die entsprechende Grundgleichung aus dem empirischen Material. Die Punkte 1 bis 4 bringen den kinematischen Teil der klassisch-mechanischen Bewegungsauffassung zum Ausdruck, während Punkt 5 als verbale Formulierung der NEWTONschen Bewegungsgleichung den dynamischen Aspekt enthält.

Die Bestimmung von $\boldsymbol{r}(t)$ in einem jeden Zeitpunkt t erfordert die Existenz eines räumlichen und zeitlichen Bezugssystems. Raum und Zeit sind für die klassische Mechanik über die Eigenschaften der in ihnen stattfindenden mechanischen Bewegungen charakterisiert. Gefordert wird Euklidizität des Raumes. Die Bewegungsgleichung ist reversibel, so daß sich aus der klassischen Mechanik die beobachtbare Irreversibilität physikalischer Prozesse nicht begründen läßt. Bewegte Objekte, Raum- und Zeiteigenschaften und materielle Wechselwirkung erscheinen in der Theorie als unabhängig voneinander bestimmbare objektiv-reale Eigenschaften. Daraus ableiten zu wollen, daß die dialektische Einheit von Materie und Bewegung in Raum und Zeit in der klassischen Mechanik metaphysisch auseinandergerissen würde, hieße, die physikalische Theorie mit einer philosophischen zu verwechseln. Dabei würde ungeprüft wieder der

Standpunkt des mechanischen Materialismus als der der klassischen Mechanik adäquate angenommen. Im mechanischen Materialismus war Materie bekanntlich mit Stoff identifiziert, Bewegung eine den Körpern äußerliche Beziehung und Raum und Zeit galten als unveränderliche, absolute Gefäße, in denen sich physikalische Ereignisse abspielten.

Festzuhalten ist, daß in den geschilderten klassisch-mechanischen Bewegungsauffassungen die einfachste physikalische Konzeption vorliegt, mit der es gelingt objektiv-reale Bewegungen eines bestimmten Objektbereichs in einer logisch widerspruchsfreien mathematisierten Theorie abzubilden, die mit praktisch hinreichender Genauigkeit Voraussagen gestattet. Dies ist nicht durch Elimination objektiver dialektischer Beziehungen möglich. Vielmehr werden in diesem Apparat objektive dialektische Beziehungen abgebildet, die allerdings nicht als logische Widersprüche faßbar sind.

So wird beispielsweise das ZENONsche Paradoxon, daß Achilles eine Schildkröte niemals einholen kann, wenn er deren Vorsprung nach einer bestimmten Zeit zur Hälfte aufholt, in ganz natürlicher Weise aufgelöst. Während die ZENONschen Betrachtungen darauf basierten, daß die für die Verringerung des Vorsprungs der Schildkröte erforderlichen Zeiten immer endlich sind, bestimmt der in der klassischen Mechanik benutzte mathematische Apparat den Grenzwert dieser zeitlichen Folge mit Null und die Summe ihrer unendlichen Glieder durch einen endlichen Wert. Das heißt ZENON holt in Übereinstimmung mit der Erfahrung die Schildkröte nach einer theoretisch bestimmbaren Zeit ein. Wann das ist, hängt vom Vorsprung der Schildkröte und der Differenz der Geschwindigkeiten des Achilles und der Schildkröte ab. Dabei wird aber — wie D. HILBERT und P. BERNAYS zu Recht betonen — „ein wesentlicher Punkt der Paradoxie nicht getroffen, nämlich das Paradoxe, was darin liegt, daß eine unendliche Aufeinanderfolge, deren Vollendung wir in der Vorstellung nicht nur faktisch, sondern auch grundsätzlich nicht vollziehen können, in der Wirklichkeit abgeschlossen vorliegen soll" [HILBERT, BERNAYS, 16], Solcherart sind die in mathematisierten physikalischen Theorien vorliegenden Hinweise auf objektive Dialektik. Es handelt sich niemals um logische Widersprüche im Rahmen eines Apparates. Die müssen grundsätzlich ausgeschlossen werden! Das ist eine unabdingbare Voraussetzung für die Arbeitsfähigkeit dieser Theorien selbst. Daß Autoren, deren positivistischer Grundstandpunkt erwiesen ist, dies ebenfalls betonen, weist eine solche Voraussetzung keinesfalls als positivistische Forderung aus. Dazu wird sie lediglich dann, wenn sie zum einzigen, mindestens aber wesentlichsten Bestimmungsstück physikalischer Theorie hochstilisiert ist. Das bedeutet im Einklang mit dem Programm des logischen Neopositivismus, die philosophischen Probleme der Physik auf die logische Analyse physikalischer Theorien zu reduzieren. Die entscheidenden philosophischen Fragen nach dem Widerspiegelungscharakter physikalischer Theorien fallen dann ebenso weg wie die in Übereinstimmung mit physikalischen Erkenntnissen getroffenen Aussagen über die Struktur der Materie.

Bisher wurden Probleme dialektisch-materialistischer Widerspiegelung für die klassische Mechanik angeschnitten und im Anschluß daran, die in der Theorie vorliegende Bewegungsauffassung in ihrer abstrakten mathematischen Form untersucht. Dabei bereits ergeben sich zahlreiche Hinweise auf objektive Dialektik. Es muß betont werden, daß in den bisherigen Ausführungen von der Kenntnis der Relativitätstheorie, der statistischen Physik und der Quantenmechanik kein direkter Gebrauch gemacht wurde, obwohl eine Reihe von Bemerkungen tatsächlich erst Bedeutung aus der Sicht dieser Theorien erlangen. Die Entwicklung physikalischer Bewegungsauffassungen wird sich auch als Aufgabe der hier zusammengefaßten einfachen Eigenschaften des mathematischen Apparates erweisen.

Bevor der Übergang von der klassisch-mechanischen

Bewegungsauffassung zur quantenmechanischen näher untersucht wird, soll jetzt eine der traditionellen klassisch-mechanischen Bewegungsauffassung entgegengesetzte Bewegungsauffassung erwähnt werden, die erst nach der Entwicklung der Quantenmechanik Bedeutung gewonnen hat, die aber nicht an die Existenz der Quantenmechanik gebunden ist. Es soll gezeigt werden, daß im Unterschied zur traditionellen klassisch-mechanischen Bewegungsauffassung (Determinationstyp I, Ausschließlichkeit dynamischer Gesetze) in Übereinstimmung mit den empirischen Befunden eine andere Bewegungsauffassung (Determinationstyp II, Primat statistischer Gesetze) möglich und teilweise naheliegend ist. Damit wird der Sinn der philosophischen Hypothese demonstriert, daß die Zusammenhänge materieller Objekte und Prozesse prinzipiell nicht mit mathematischen Strukturen identifiziert werden können, sich aber mit mathematischen Strukturen immer adäquater widerspiegeln lassen. Wenn es stimmt, daß objektiv-reale Zusammenhänge keine mathematischen Strukturen sind, dann ist es nicht verwunderlich, daß die Zusammenhänge innerhalb eines Objektbereiches mit unterschiedlichen mathematischen Strukturen abbildbar sind. Das darf nicht mit Konventionalismus verwechselt werden, für den alle Theorien lediglich Konventionen sind. Hier wird in Übereinstimmung mit der eingangs erwähnten philosophischen Voraussetzung physikalischer Forschung davon ausgegangen, daß die Theorien der Physik außerhalb und unabhängig von unserem Bewußtsein existierende Objekte und Prozesse widerspiegeln. Sie stellen also keine Konvention dar, wie wir über die Verknüpfung bestimmter sinnlich wahrnehmbarer Ereignisse sprechen wollen.

2.3. Bewegungsauffassung nach Born

Die Bewegungsauffassung der klassischen Mechanik hat im mechanischen Materialismus dazu geführt, eine Determinismuskonzeption zu entwickeln, nach der auf der Basis eindeutiger Vorausbestimmtheit aller Ereignisse deren prinzipielle Voraussagbarkeit angenommen wird. Die Abstrakta der Theorie werden für die Wirklichkeit selbst gehalten. So ist es verständlich, wenn in der bürgerlichen schöngeistigen Literatur Bilder aus der Mechanik benutzt werden, um jeweils individuell verschieden bewältigte fatalistische Auffassungen zu illustrieren. H. HESSE schreibt beispielsweise: „Vielleicht ist jedem Menschen, er sei, wie er wolle, wie einem geschleuderten Ball seine Wurfbahn vorgezeichnet, und er folgt einer längst bestimmten Linie, während er das Schicksal zu zwingen oder zu hänseln meint" [HESSE, 92]. Hier kann es nicht darum gehen, mögliche Konsequenzen solcher Auffassungen näher zu untersuchen. Es gilt vielmehr zu prüfen, ob das Bild des Ballwurfes tatsächlich so treffend ist. Diametral entgegengesetzte Überlegungen führt M. BORN als Motivation einer Untersuchung an, die klären soll, ob Determinismus in der klassischen Mechanik sinnvoll sei: „Obwohl ich selbst in den Ideen des vorigen Jahrhunderts aufgewachsen bin, ist es mir immer sonderbar erschienen, daß es ein Gebiet geben soll, die Mechanik und die nach ihrem Vorbild geformte klassische Physik, wo alles absolut exakt ist und frei von Unsicherheiten, die sonst das menschliche Leben beherrschen. Ich sehe in der Elimination dieser vermeintlichen Genauigkeiten durch die moderne Physik einen Fortschritt im Streben nach einer einheitlichen Weltauffassung" [BORN, 1958, 375].

Im weiteren wollen wir nicht der BORNschen Terminologie folgen. Es geht vielmehr darum, den rationellen Kern seiner Überlegungen für die philosophische Interpretation der klassischen Mechanik fruchtbar zu machen.

Wenn man berücksichtigt, daß die klassische Mechanik mittels idealisierter Objekte (Massenpunkte) und ihrer Beziehungen (vgl. Bewegungsauffassung) Sachverhalte der objektiven Realität abbildet — in der Theorie also im Sinne eines dialektischen Abbildverfahrens eine dialektische Einheit von Abgebildetem und Entworfenem vorliegt — wird man mit mechanistischen Schlußfolgerungen über die eindeutige Bestimmtheit der kinematischen Größen eines bewegten Körpers in der objektiven Realität vorsichtig sein. Es war in 2.23 betont, daß die Anfangswerte (2) im Meßprozeß niemals exakt zu ermitteln sind. Es läßt sich nicht einmal klären, ob diesen scharf bestimmten Größen objektive Bedeutung zukommt. Born ging davon aus, daß man deshalb auch mit einer anderen Annahme in der klassischen Mechanik arbeiten müsse. Er nahm für die Anfangswerte (2) statistische Verteilungen an.

Danach ist die Wahrscheinlichkeit, ein Teilchen zum Zeitpunkt t_0 im Gebiet von $\boldsymbol{r}_0 + \mathrm{d}\boldsymbol{r}$ mit der Geschwindigkeit $\boldsymbol{v}_0 + \mathrm{d}\boldsymbol{v}$ zu finden durch die Größen

$$\begin{aligned} &p_1(\boldsymbol{r}_0, \Delta r, t_0)\,\mathrm{d}\boldsymbol{r}, \\ &p_2(\boldsymbol{v}_0, \Delta v, t_0)\,\mathrm{d}\boldsymbol{v} \end{aligned} \tag{2'}$$

gegeben. Δr und Δv grenzen das Gebiet ein, in dem die entsprechenden Wahrscheinlichkeitsverteilungen von Null verschieden sind.

Zweifelsohne wird diese Annahme der empirischen Situation mehr gerecht als die scharf bestimmter Werte. Nach Mises bildet jede potentiell unendliche Serie genügend empfindlicher Messungen *eines* Zustandes eine ideale Zufallsfolge, kann also als Modell eines Kollektivs im Sinne der Häufigkeitsinterpretation der Wahrscheinlichkeitstheorie angesehen werden [Zvonkin, Levin], [Mises, 1930]. Die traditionelle Annahme ist in der Bornschen mitenthalten, da man im Grenzwert $\Delta r \to 0$, $\Delta v \to 0$ (unendlich kleine Streuung) aus den angenommenen Verteilungen scharfe Werte für $\boldsymbol{r}_0$ und $\boldsymbol{v}_0$ mit der Wahrscheinlichkeit 1 erhält.

Die Gültigkeit der klassischen Bewegungsgleichung wird nicht in Frage gestellt. Mit den Anfangswerten (2′) gelingt es über (1) Wahrscheinlichkeitsverteilungen von $\boldsymbol{r}$

und $\boldsymbol{v}$ für beliebige Zeiten zu berechnen [$p_1(\boldsymbol{r}, \Delta r, t)$ und $p_2(\boldsymbol{v}, \Delta v, t)$]. Der ursprünglich der klassischen Mechanik zugrundeliegende Determinationstyp I wird durch den Determinationstyp II ersetzt.[21]) Die Bewegungsgleichung eines vorher dynamischen Gesetzes ist jetzt ein statistisches Gesetz. Es erscheint sinnvoll, die Bestimmung eines statistischen Gesetzes philosophisch wie folgt zu präzisieren: „Ein *statistisches* Gesetz ist ein allgemein-notwendiger und wesentlicher Zusammenhang, wobei für das Verhalten eines Systems eine Möglichkeit existiert, die notwendig verwirklicht wird, für das Verhalten der Systemelemente existiert eine gesetzmäßige verbundene Reihe von Möglichkeiten, von denen eine zufällig verwirklicht wird" [HÖRZ, 1974a, 112]. Der Zustand des Objektes ist durch die Wahrscheinlichkeitsverteilung seiner Koordinate und seines Impulses zu einem Zeitpunkt bestimmt. Das Bewegungsgesetz verknüpft einen Zustand notwendig mit allen anderen. Der benutzte Wahrscheinlichkeitsbegriff ist in Übereinstimmung mit der Häufigkeitsinterpretation zu verstehen, und das setzt die Existenz eines MISESschen Kollektivs voraus. In unserem Falle ist das eine Gesamtheit von Zuständen des einen Objektes unter annähernd identischen Bedingungen. Diese Gesamtheit (System) kann durch viele Wiederholungen einer Messung eines Zustandes oder durch eine große Teilchengesamtheit gleichartiger Objekte in diesem Zustand gebildet sein. Die eine notwendig sich verwirklichende Möglichkeit für das System in der philosophischen Bestimmung des statistischen Bewegungsgesetzes stellt den wahrscheinlichkeitstheoretisch bestimmten Zustand dar. Das Bewegungsgesetz beschreibt die Änderung der Zustandsfolge in der Zeit eindeutig, sobald der Zustand in einem Punkt gegeben ist. Die Möglichkeiten für das Verhalten der Systemelemente sind in diesem Fall die scharf bestimmten Meßgrößen der klassischen Mechanik. Welche verwirklicht wird, läßt sich experimentell bis auf die Meßfehlergenauigkeit bestimmen.

Es ist zu fragen, ob bei solchem Aufbau der klassischen Mechanik, die als Lösungen von (1) erhaltenen Verteilungen $p_1(\boldsymbol{r}, \Delta r, t)$ und $p_2(\boldsymbol{v}, \Delta v, t)$ gegen die scharfen Werte $\boldsymbol{r}(t)$ und $\boldsymbol{v}(t)$ streben, wenn in den Anfangsverteilungen Δr und Δv gegen Null gehen. Ist das für beliebige Zeiten in allen von der Mechanik betrachteten Aufgaben der Fall, dann sind die beiden Apparate äquivalent und der LAPLACEsche Determinismus entspricht wenigstens der klassischen Mechanik.

Das Resultat der BORNschen Berechnung besteht darin, daß in physikalisch bedeutsamen Aufgaben kritische Zeiten t_k existieren, so daß für $t > t_k$ eine exakte Voraussage des Bewegungszustandes unmöglich wird. Es bleiben die Wahrscheinlichkeitsverteilungen von $\boldsymbol{r}$ und $\boldsymbol{v}$ auch für $\Delta r \to 0$ und $\Delta v \to 0$ bestehen. Diese t_k sind in dem von BORN betrachteten Aufgaben so astronomisch groß, daß sie keinerlei praktische Konsequenzen nach sich ziehen. Andere Störungen der Bewegung gewinnen bereits für $t < t_k$ einen solchen Einfluß, daß die Idealisierungen der Theorie für $t > t_k$ nicht mehr anwendbar sind [BORN, 1958]. Es kann aber keine Rede mehr davon sein, daß die Determinismuskonzeption des mechanischen Materialismus der klassischen Mechanik entspricht. Der BORNsche Aufbau der klassischen Mechanik ist nur dann sinnvoll, wenn für $t < t_k$ die Δr und Δv so klein gewählt werden, daß eine genauere Meßgrößenbestimmung als die der theoretischen Voraussage ausgeschlossen bleibt. Damit ist das statistisch formulierte Bewegungsgesetz für diesen Bereich kein prinzipiell statistisches; die Näherung des dynamischen ist ausreichend. Für $t > t_k$ ändert sich das sofort.

Die Analyse des realen Meßprozesses hatte zur Aufgabe der in 2.23. geschilderten Annahme objektiv scharf bestimmter Meßgrößen $\boldsymbol{r}(t)$ und $\boldsymbol{v}(t)$ geführt. Die dabei eingeführten Wahrscheinlichkeitsverteilungen sind verschieden interpretierbar. Man kann sie als Ausdruck subjektiver Unkenntnis der in Wirklichkeit scharf bestimmten Größen auffassen. Man kann sie aber auch als objektive Charakteristika realer Beziehungen verstehen. Der Einwand, daß Wahrscheinlichkeitsverteilungen empirisch nicht verifizierbar sind, ist deshalb unberechtigt, weil er ebenso für die scharf bestimmten Größen zutrifft. Methodisch sind beide Situationen gleichwertig.

Die Bornschen und eine Reihe analoger Betrachtungen[22]) haben gezeigt, daß die klassische Mechanik sowohl auf der Basis des Determinationstyps I als auch auf der Basis des Determinationstyps II aufgebaut werden kann, der Anspruch des mechanischen Materialismus auf absolut genaue Voraussagbarkeit über beliebige Zeiten aber in jedem Falle aufzugeben ist. Während dem Determinationstyp I entsprechend angenommen wird, daß sich der Körper in jedem Augenblick t in einem bestimmten Raumpunkt $\boldsymbol{r}$ befindet, geht man im Determinationstyp II davon aus, daß eine objektive Wahrscheinlichkeit für den Aufenthalt des Körpers in diesem Raumpunkt gegeben ist. Beide Apparate führen innerhalb der praktisch-überprüfbaren Grenzen zu gleichen Ergebnissen. Sie sind jeder für sich widerspruchsfrei. Miteinander verglichen enthalten sie jedoch einen Widerspruch. Scharf bestimmten Orten einerseits stehen nicht scharf bestimmte Orte andererseits gegenüber. In diesem Zusammenhang sei an den Hegelschen Satz erinnert: „*Bewegen heißt aber: an diesem Ort sein und zugleich nicht* ...“ [Hegel, Vorlesungen, 417].

Es gibt zwei mathematische Apparate für den Aufbau der klassischen Mechanik, die innerhalb eines bestimmten Bereichs empirisch äquivalente Ergebnisse liefern. Das scheint ein Hinweis auf die Berechtigung der mehrfach erwähnten philosophischen Hypothese, daß die mathematischen Strukturen physikalischer Theorien nicht mit den Zusammenhängen der objektiven Realität identisch sind, diese aber abzubilden vermögen. Hinweise auf objektive Dialektik ergeben dabei die offenkundig einander widersprechenden Annahmen der unterschiedlichen mathematischen Strukturen. Das ist ein Zugang für weiterführende Diskussionen zur Widerspiegelung objektiver Dialektik in mathematisierten wissenschaftlichen Theorien.

Born hat aus seinen Ergebnissen andere Schlüsse gezogen. Er war zu derartigen Überlegungen durch die bis heute anhaltenden Diskussionen über die Vollständigkeit der Quantenmechanik veranlaßt worden, die vor allen Dingen wegen der von ihm gegebenen Wahrscheinlichkeitsinterpretation der ψ Funktion entbrannten. Deshalb sind ihm seine Ergebnisse Veranlassung, alle Gesetze der Physik als statistische zu verstehen: „Vielmehr ist es vernünftig, auch die klassische Mechanik von vornherein statistisch zu formulieren“ [Born, 1958, 388].

Die Bewegungsauffassung nach Born ist eine Möglichkeit des Aufbaus der klassischen Mechanik, deren Notwendigkeit aber keineswegs nachgewiesen ist.

Die Bornschen Untersuchungen haben widerlegt, daß die Mechanik absolut genaue Voraussagen zu machen gestattet. Diese Form des Laplaceschen Determinismus ist durch die klassische Mechanik selbst nicht zu realisieren. Sie kann nur entstehen, wenn man die mathematischen Strukturen der Theorie mit den Zusammenhängen der objektiven Realität identifiziert. Insofern ist der mechanische Materialismus eine philosophische Fehlinterpretation der klassischen Mechanik. Diese Philosophie entspricht nicht einmal der klassischen Mechanik. Um so weniger verwundert, daß sie den Ansprüchen anderer Wissenschaften nicht gerecht werden kann.

Born hatte unter Hinweis auf das bereits früher kritisierte methodologische Prinzip, „daß Begriffe sinnlos sind und eliminiert werden müssen, deren Anwendung prinzipiell unbeobachtbare Unterscheidungen erfordert“ [Born, 1955, 52] den Determinismus aus der klassischen Mechanik eliminiert.[23]) Wir verstehen, daß er damit den mechanischen Determinismus aufgab und sich dabei keineswegs sonderlich durch das von ihm formulierte methodologische Prinzip gebunden fühlte. Der Wahrscheinlichkeitsbegriff wäre diesem zweifelsohne als erstes zu opfern gewesen.

In seinen Untersuchungen hat er auf die Arbeiten des sowjetischen Physikers N. S. Krylov verwiesen, deren Fortsetzung durch sowjetische Physiker und Mathematiker zu Resultaten geführt haben, die die Bornschen Überlegungen präzisieren und gleichzeitig den Zusammenhang dynamischer und statistischer Gesetze wesentlich klarer erfassen als die oft vertretene Alternative, daß die Welt entweder dynamischen oder statistischen Gesetzen unterliegt. Auf diese Untersuchungen wollen wir im Zusammenhang mit der Begründungsproblematik der statistischen Physik eingehen (vgl. 4.3.). Die Bornschen Überlegungen wurden deshalb hier bereits eingefügt, um zu demonstrieren, daß in der klassischen Mechanik durchaus zwei Bewegungsauffassungen möglich sind. Neben der traditionellen, auf dem Determinationstyp I und dem Primat dynamischer Gesetze basierenden, ist eine auf dem Determinationstyp II und dem Primat statistischer Gesetze aufbauende möglich. Darin hatten wir einen Hinweis auf die Abbildung objektiver Dialektik der mechanischen Bewegungen in mathematisierten physikalischen Theorien gesehen. Es war gezeigt worden, daß der mechanische Materialismus nicht die philosophische Basis der klassischen Mechanik ist, die klassische Mechanik dem mechanischen Determinismus nur in bestimmten Grenzfällen genügt. Hesses Analogie ist damit sehr fragwürdig.

Jetzt soll der Übergang der in 2.2. erfaßten Bewegungsauffassung zu der der Quantenmechanik untersucht werden. Dabei geht es nicht um eine Gesamtdarstellung der philosophischen Probleme dieser Theorie, die der einschlägigen Spezialliteratur zu entnehmen ist. Hier wird angedeutet, wie man über Modifikationen und radikale Änderungen der in 2.2. geschilderten Bewegungsauffassung zu Analogien mit der Bewegungsauffassung der Quantenmechanik nach Feynman kommen kann. Der im Zusammenhang mit der traditionellen Darstellung der Quantenmechanik nach Heisenberg bzw. nach Schrödinger viel diskutierte Welle-Teilchen-Dualismus wird in dieser weniger bekannten Darstellung der Theorie keinesfalls außer Kraft gesetzt. Es geht in 3.1. um *einen* Aspekt dieses Dualismus, den mit dem Teilchenbild verknüpften Bahnbegriff. Dieser Begriff wurde von HEISENBERG für Quantenobjekte zunächst gänzlich aufgegeben, weil die Elektronen„bahnen" des Atoms unbeobachtbar sind. Aus der Forderung, die in der Nebelkammer beobachtbaren Spuren von Elementarteilchen mit klassischen Bahnen zu vergleichen, wurden die HEISENBERGschen Unbestimmtheitsrelationen entwickelt. SCHRÖDINGER ging vom Wellenbild der Quantenobjekte aus, für das der Bahnbegriff unerheblich ist. Im FEYNMANschen Aufbau der Quantenmechanik läßt sich diesem Begriff wieder ein Sinn zuordnen, freilich ein gänzlich anderer als in der klassischen Mechanik.

3. Von der klassisch-mechanischen zur quantenmechanischen Bewegungsauffassung

3.1. Ein formaler Zugang

1827 beobachtete der englische Biologe BROWN erstmalig unter dem Mikroskop eigenartige, unregelmäßige Bewegungen kolloider Teilchen in einer Lösung. Diese Teilchen bewegen sich unabhängig voneinander, sie kommen niemals endgültig zum Stillstand. Die Intensität ihrer Bewegung vermindert sich mit Verringerung der Temperatur, Erhöhung der Viskosität der Lösung und Vergrößerung der Teilchen. Sie hängt weder von den chemischen Eigenschaften der Teilchen noch von der Lösung ab. Eine qualitativ richtige Erklärung dieses Phänomens wurde nach der Entstehung der kinetischen Gastheorie 1888 durch GOUY gegeben, der annahm, daß die Bewegung jener, im Vergleich zu den Molekülen des umgebenden Mediums sehr großen Teilchen Resultat der chaotischen Stöße dieser Moleküle sei. In den Diskussionen um die kinetische Gastheorie hat jedoch diese Erklärung keine Rolle gespielt, da die quantitative Theorie erst 1905, unabhängig voneinander durch EINSTEIN und SMOLUCHOWSKI ausgearbeitet, zu einem Zeitpunkt vorlag, als um die reale Existenz der Atome schon nicht mehr ernsthaft gestritten wurde und die statistische Thermodynamik in das Stadium ihrer praktischen Anwendung getreten war.

Der Einfachheit halber wollen wir den eindimensionalen Fall betrachten, der selbstverständlich ohne Schwierigkeiten auf den dreidimensionalen verallgemeinert werden kann.

Das Mittel für das Quadrat der x-Komponente der Verschiebung eines solchen Teilchens erwies sich proportional dem entsprechenden Zeitabschnitt

$$\overline{(\Delta x)^2} = 2D\,\Delta t. \tag{3}$$

Dieses Resultat läßt sich aus einer kinetischen Gleichung gewinnen, ist also Ergebnis statistischer Betrachtungen. Der Diffusionskoeffizient D kann aus Modellüberlegungen ermittelt werden, auf deren Basis PERRIN beispielsweise die BOLTZMANNsche Konstante k mit großer Genauigkeit bestimmt hat.

Aus der Beziehung (3) ist ersichtlich und darauf hat auch EINSTEIN in seiner ersten Arbeit 1905 verwiesen, daß für $\Delta t \to 0$ unendlich große Geschwindigkeiten des makroskopischen Teilchens folgen müßten.

Diese Schwierigkeit ist ohne Komplikationen zu umgehen. Insofern das Resultat aus einer Diffusionsgleichung für eine Verteilungsfunktion erhalten wird, die selbst bestimmte Annahmen über die zugelassenen Zeitintervalle machen muß, kann man die zu Widersprüchen führenden kleinen Zeitintervalle als außerhalb der Theorie liegend betrachten (vgl. 4). Die Differentialgleichung kann durch zusätzliche Annahmen so verändert werden, daß für kleine Zeitintervalle physikalisch sinnvolle Ergebnisse erzielt werden [TERLEZKI, 1950].

(3) läßt sich aber ebenfalls aus einer Bewegungsgleichung für das BROWNsche Teilchen gewinnen, in der eine Zufallskraft $\boldsymbol{A}(t)$ enthalten ist, die ausschließlich in ihren stochastischen Eigenschaften bekannt ist.

$$\frac{\mathrm{d}\boldsymbol{v}}{\mathrm{d}t} = -\beta\boldsymbol{v} + \boldsymbol{A}(t) + \frac{1}{m}\boldsymbol{F}. \tag{4}$$

Dabei ist β — Viskosität,
$\boldsymbol{F}$ — äußere Kraft.

Dieser erstmalig von LANGEVIN benutzten Bewegungsgleichung liegt die Bewegungsauffassung der klassischen Mechanik zugrunde. Sie unterscheidet sich von der NEWTONschen Gleichung dadurch, daß über einen Teil der wirkenden Kraft nur stochastische Eigenschaften bekannt sind.

In der Theorie stochastischer Differentialgleichungen [I. I. GICHMAN, A. W. SKOROCHOD] werden Methoden entwickelt, derartige Gleichungen für verschiedene $\boldsymbol{A}(t)$ zu lösen. Es besteht also kein unüberbrückbarer Widerspruch zwischen den differentiellen Bewegungsgleichungen der klassischen Physik und den Bereichen der statistischen Physik, die den mathematischen Wahrscheinlichkeitsbegriff zu ihren mathematischen Grundbegriffen rechnen. Gl. (4) ist ein Bewegungsgesetz dessen Form dem Determinationstyp I entspricht. Welche Eigenschaften $\boldsymbol{A}(t)$ auch immer hat, diese Größe wird in Übereinstimmung mit der für den Determinationstyp II charakteristischen Weise durch einige stochastische Eigenschaften gegeben. Ihr analytischer Ausdruck ist unbekannt.

Ein solcher Weg stellt den Versuch dar, mit bekannten und aus der klassischen Physik gewohnten Gleichungen die Bewegung eines Makroobjektes im Medium vieler Mikroobjekte abzubilden. Ganz offenkundig erfaßt die Bewegungsgleichung (4) zwei verschiedene Strukturniveaus. Die Ortsveränderungen des beobachtbaren makroskopischen BROWNschen Teilchens sind die Folge von Wärmebewegungen der Moleküle der entsprechenden Lösung. Während das BROWNsche Teilchen ein Objekt der klassischen Mechanik darstellt und direkter Beobachtung zugänglich ist, lassen sich die Bewegungen der einzelnen Moleküle unmöglich verfolgen. Ob das Strukturniveau der Moleküle spezifischen Gesetzen gehorcht, die nicht vollständig aus der klassischen Mechanik begründbar sind, soll in Kapitel 4 näher untersucht werden.

Jetzt ist davon auszugehen, daß das niedere Strukturniveau auf der Ebene des BROWNschen Teilchens Wirkungen zeigt, die über Zufallskräfte in der bekannten Bewegungsgleichung abbildbar sind. Gl. (4) ist kein dynamisches Gesetz mehr. Da aber vom Determinationstyp I ausgegangen wird, kann man die Tatsache, daß $\boldsymbol{A}(t)$ lediglich in statistischen Eigenschaften bekannt ist, als Ausdruck unseres mangelhaften Wissens verstehen. Nimmt man an, $\boldsymbol{A}(t)$ sei in Wirklichkeit scharf bestimmt, so geht man davon aus, daß die Bewegung aller Moleküle durch das NEWTONsche Bewegungsgesetz (1) vollständig bestimmt sind. Dann ist Gl. (4) ein dynamisches Gesetz, und wir begnügen uns aus praktischen Gründen mit statistischen Eigenschaften seiner Lösungen.

Diese Diskussionen erhellen den *Zusammenhang* dynamischer und statistischer Gesetze. Die in (1) zu den nichtspezifischen Wirkungsbedingungen und den Begleitbedingungen gerechneten Einflüsse sind bei der BROWNschen Bewegung notwendig in das Bewegungsgesetz (4) selbst mit aufzunehmen. Sie werden also zu spezifischen Wirkungsbedingungen. Es ist gefragt, ob die realen Eigenschaften von $\boldsymbol{A}(t)$ nicht so sind, daß die klassisch-mechanische Bewegungsauffassung gänzlich aufzugeben ist. Es gibt heute eine Vielzahl mathematischer Arbeiten, in denen prinzipielle Veränderungen der Bewegungsgleichung untersucht werden. Es hat sich aber gezeigt, daß in Bereichen, in denen die Dialektik von Notwendigkeit und Zufall innerhalb der nichtspezifischen Wirkungsbedingungen der klassischen Mechanik eine solche Bedeutung erlangt, daß das dynamische

Gesetz zum statistischen wird, die Möglichkeit besteht, die Struktur des Bewegungsgesetzes unverändert zu lassen. Im Falle der beobachtbaren BROWNschen Bewegung ist das möglich.

Daraus den Schluß ziehen zu wollen, daß das immer der Fall sein muß, wäre voreilig.

Jetzt wollen wir die Beziehung (3) etwas formaler betrachten. Sie möge für beliebige Δt gelten.

Man betrachtet dann nicht die Bewegung eines physikalischen BROWNschen Teilchens, sondern die eines mathematisch bestimmten Objektes, von dem noch nicht bekannt ist, ob es über eine materielle Entsprechung verfügt.

Diesen Weg hat N. WIENER 1921 eingeschlagen. Man nehme also an, (3) gelte für beliebig kleine Teilchen, die Verschiebungen der x-Komponente des Radiusvektors seien für beliebige, sich nicht überlappende Zeitintervalle statistisch unabhängig und nach einer Gaußfunktion verteilt. Gefragt ist, welche Eigenschaften die Funktion $x(t)$ besitzt.

Die statistische Unabhängigkeit der Stöße weist diese Theorie von vornherein als prinzipiell statistische aus, die aber die Eindeutigkeit der Meßgröße x, also der Koordinate nicht aufgibt. Hier wird die Wirkung des aus der klassischen Mechanik herausfallenden niederen Strukturniveaus einbezogen und nach den sich daraus ergebenden Konsequenzen für die Bewegungsauffassung gefragt. Das geschieht im Unterschied zu LANGEVIN nicht über das Einschalten stochastischer Elemente in die dynamische Bewegungsgleichung, sondern im Rahmen einer prinzipiell statistischen Theorie, aus der die dynamischen Bewegungseigenschaften folgen sollen.

Nach WIENER wird sich ein solcherart modelliertes BROWNsches Teilchen auf einer Bahnkurve bewegen, die durch eine Funktion im Raum L_2[1]) approximierbar ist, welche zwar in allen Punkten ihres Definitionsbereiches stetig, aber in keinem Punkte differenzierbar ist.[2]) [WIENER, 1964]. Das widerspricht der klassischen Bewegungsauffassung (Punkt 4). Die Geschwindigkeit des Teilchens ist also nicht bestimmt, und es gibt eine formale Analogie zur HEISENBERGschen Unbestimmtheitsrelation der Quantenmechanik. Ist ein Teilchen in der Quantenmechanik in einem mathematischen Punkt lokalisiert, d. h. $\Delta x = 0$, so ist seine Geschwindigkeit beliebig unbestimmt, kann also entsprechend der nichtrelativistischen Theorie Werte zwischen $-\infty$ und $+\infty$ annehmen. Über solche Eigenschaften verfügen die Bahnkurven des von WIENER untersuchten Prozesses ebenfalls. Damit ist aber noch kein neuer Formalismus der Quantenmechanik geschaffen.

Die WIENERsche Arbeit hat angedeutet, daß es mathematische Bahnmodelle gibt, die zu anderen Darstellungsmöglichkeiten führen als jene Formulierungen der Quantenmechanik, die den Bahnbegriff überhaupt nicht kennen. Und das ist ein Hinweis darauf, daß die Quantenmechanik nicht notwendig den Bahnbegriff eliminieren muß. Allerdings wird eine Quantenmechanik, die den Bahnbegriff enthalten soll, nicht von der klassisch-mechanischen Bewegungsauffassung ausgehen können. Quantenmechanische Bahnen werden sicher über prinzipielle Besonderheiten gegenüber den klassisch-mechanischen Bahnen verfügen.

3.2. Quantenmechanische Bewegungsauffassung nach Feynman

FEYNMAN hat eine Darstellung der Quantenmechanik gegeben, die sich von der HEISENBERGS und SCHRÖDINGERS unterscheidet. Sie ist inzwischen eine der möglichen Lehrbuchdarstellungen dieser Theorie [FEYNMAN, HIBBS][3]) geworden. Aus ihr ist ersichtlich, wie die klassisch-mechanische Bewegungsauffassung verallgemeinert werden kann, um zur quantenmechanischen zu kommen.

Die Darstellung der Quantenmechanik nach FEYNMAN ist eine der möglichen Darstellungen im abstrakten

HILBERT-Raum, die allen anderen Darstellungen äquivalent ist. Es ist also jederzeit möglich, aus dem FEYNMANschen Formalismus in den HEISENBERGS oder SCHRÖDINGERS überzugehen. Alle dort erzielten Resultate sind auch für die FEYNMANsche Fassung gültig. Allerdings bietet diese für eine Klasse praktischer Aufgaben wesentliche Rechenerleichterungen. Darin besteht die Berechtigung der drei erwähnten äquivalenten Formalismen, die keineswegs die einzigen sind.

Die Frage der statistischen Interpretation der Quantenmechanik wird durch FEYNMAN nicht anders gestellt oder gelöst als in den übrigen anerkannten Darstellungen auch. Zwar geht er nicht von Wellenfunktionen aus, der Wahrscheinlichkeitsbegriff ist aber ein unverzichtbarer mathematischer Grundbegriff seiner Theorie. Ob eine Theorie möglich ist, die mehr als Wahrscheinlichkeitsaussagen liefert, beantwortet auch diese Theorie nicht exakter als die bisher üblichen Darstellungen.

Es ist also festzuhalten, daß die FEYNMANsche Darstellung der Quantenmechanik über all jene Besonderheiten verfügt, die die Quantenmechanik gegenüber der klassischen Mechanik aufweist.[4]) Dazu ist vor allen Dingen zu zählen, daß jeder physikalischen Meßgröße (Observable) hermitesche Operatoren im HILBERT-Raum entsprechen[5]) und Erwartungsfunktionen existieren, die jedem hermiteschen Operator einen reellen Erwartungswert zuordnen. Die Theorie liefert also immer Wahrscheinlichkeitsaussagen für die zu erwartenden Meßgrößen. Nur in bestimmten Fällen werden Voraussagen mit der Wahrscheinlichkeit 1 getroffen. In der Quantenmechanik wird also ein Feld gesetzmäßig verbundener Möglichkeiten erfaßt, von denen sich immer nur eine mit einer jeweils angebbaren Wahrscheinlichkeit verwirklicht. Deshalb liegen dieser Theorie statistische Gesetze zugrunde, also allgemein-notwendige und wesentliche Zusammenhänge, die für das Verhalten eines Systems eine Möglichkeit angeben, die notwendig verwirklicht wird, für das Verhalten der Systemelemente dagegen eine gesetzmäßige verbundene Reihe von Möglichkeiten, von denen eine zufällig mit einer bestimmten Wahrscheinlichkeit verwirklicht wird. Diese eine Möglichkeit für das Verhalten des Systems wird durch Bewegungsgleichungen für den Zustandsvektor ψ im HILBERT-Raum erfaßt, ist also wegen der prinzipiell statistischen Interpretation dieser Größe nicht durch einen Satz physikalischer Meßgrößen sondern ebenso wie das Verhalten der Systemelemente durch die Angabe einer Wahrscheinlichkeitsamplitude für Meßgrößen bestimmt. Die zufällig sich verwirklichenden Möglichkeiten der Systemelemente stellen die Gesamtheit der gleichzeitig meßbaren Obeservablen dar, deren Erwartungswerte bestimmbar sind. Die Bewegungsgleichung für den Zustandsvektor ψ ist immer vom Typ

$$i\hbar \frac{\partial \psi}{\partial t} = \hat{H}\psi, \tag{5}$$

wobei ψ die statistisch zu interpretierende Wellenfunktion und $\hat{H}$ der HAMILTON-Operator des konkreten quantenmechanischen Systems ist. Die Besonderheiten des nichtrelativistischen und des realtivistischen Falls werden durch die Art der ψ und $\hat{H}$ berücksichtigt.

Ist $\psi(t_0)$ bekannt, so kann über Gl. (5) $\psi(t)$ zu einem beliebigen anderen Zeitpunkt t ermittelt werden. Da ψ aber keine physikalische Meßgröße ist, unterliegt die Bewegungsgleichung der Quantenmechanik nicht dem Determinationstyp der klassischen Mechanik. Während Gl. (1) in Übereinstimmung mit der in 1.1. gegebenen Begriffsbestimmung dem Determinationstyp I entspricht, handelt es sich bei Gl. (5) um ein statistisches Gesetz auf der Basis des Determinationstyps II. Von der Durchbrechung des Determinismus im dialektisch-materialistischen Sinne kann auch hier keine Rede sein.

Erinnert man sich der Ausführungen zum Meßprozeß in der klassischen Mechanik und der zwei möglichen klassisch-mechanischen Bewegungsauffassungen (2.22) und (2.23), erscheint es weniger verwunderlich, daß die

Meßgrößen in der Quantenmechanik über mathematische Größen dargestellt werden, deren Zusammenhang mit den Meßresultaten erst über einen Interpretationsvorgang deutlich gemacht werden kann. Wir hatten gesehen, daß auch die klassische Mechanik nicht mit unmittelbar gemessenen Größen arbeitet, sondern sich ebenfalls bestimmter mathematischer Konstruktionen bedient, in denen allerdings der Wahrscheinlichkeitsbegriff nicht von solch prinzipieller Bedeutung sein muß, wie das in der Quantenmechanik der Fall ist. Alle Versuche, mit den Größen der klassischen Mechanik im Bereich der Mikroobjekte zu rechnen, waren 1925 als gescheitert anzusehen, so daß es darum ging, eine spezifische quantenmechanische Theorie zu erarbeiten. Die mußte entworfen und anschließend getestet werden. Es ist keinesfalls paradox, wenn ausgerechnet HEISENBERG, der wesentliches für die Entwicklung dieser prinzipiell von der klassischen Mechanik verschiedenen Theorie geleistet hat, später feststellt, daß eine Revolution in der Wissenschaft zustande kommt, „indem man versucht, so wenig wie möglich zu ändern" [HEISENBERG, 1971, 273]. Der Objektbereich der Mikrowelt zwang dazu, eine neue Theorie zu schaffen, keinesfalls „die Maxime, man müsse um jeden Preis etwas Neues machen" [HEISENBERG, 1971, 273].

Das gilt es in den heutigen philosophischen Diskussionen zu beachten. Ohne daß jetzt die radikalen Änderungen des Denkstils durch die Quantenmechanik vernachlässigt werden könnten,[6]) muß es um ein tieferes Verständnis des Zusammenhanges der Quantenmechanik mit der klassischen Mechanik gehen. Das bezeugen die nach wie vor anhaltenden Diskussionen über das Wesen des quantenmechanischen Meßprozesses und die Möglichkeiten von Modifikationen dieser Theorie. Um weitere Klarheit auf diesem Wege zu erlangen, scheint die FEIYNMANsche Darstellung von besonderem Interesse.

FEYNMAN ordnet jeder in der Natur möglichen Realisierung eines physikalischen Ereignisses eine komplexe

Größe zu, die er Wahrscheinlichkeitsamplitude nennt, deren Quadrat des Moduls die Wahrscheinlichkeit des betrachteten Ereignisses $P(x)$ liefert. Nicht in der Einschaltung stochastischer Elemente in eine dynamische Bewegungsgleichung besteht sein Verfahren. Er beschreitet den von WIENER eingeschlagenen Weg für die Darstellung physikalischer Bewegung, die in einer prinzipiellen Aufgabe des Determinationstyps I besteht und die statistische Komponente nicht nur auf die Messung von Anfangswerten und die sich daraus ergebenden Konsequenzen reduziert.

Zum Formalismus der Theorie kommt man, indem man alle geometrisch *möglichen* Trajektorien eines Objektes in spezifischer Weise berücksichtigt. Will man beispielsweise die Wahrscheinlichkeit bestimmen, daß ein Teilchen, das sich zum Zeitpunkt t_a am Ort x_a befindet, zum Zeitpunkt t_b am Ort x_b sein wird, so hat man allen geometrisch möglichen Bahnen zwischen x_a und x_b eine Wahrscheinlichkeitsamplitude zuzuordnen. Als mögliche Bahnen werden alle stetigen Funktionen zwischen x_a und x_b angenommen. Deren weitere Eigenschaften sind zu untersuchen.

Es gibt unter diesen möglichen Bahnen keine, die physikalisch auszuzeichnen wäre. Folglich handelt es sich um interferierende Alternativen. Alle diese Wahrscheinlichkeitsamplituden müssen dann summiert werden und ergeben die für den Übergang von a nach b charakteristische Wahrscheinlichkeitsamplitude, in die jede geometrisch mögliche Bahn ihren Anteil liefert. Die Wahrscheinlichkeitsamplituden der einzelnen Bahnen werden dabei analog zur klassischen Mechanik über das Prinzip der kleinsten Wirkung bestimmt.

Bei der Berechnung der Wahrscheinlichkeit des Überganges von a nach b kommt es wegen der summativ in der entsprechenden Wahrscheinlichkeitsamplitude enthaltenen Wahrscheinlichkeitsamplituden aller möglicher Bahnen zur Interferenz der Möglichkeiten Das heißt, Bewegung ist nicht mehr mit einer Raum-Zeitkurve zu beschreiben, die Theorie hat prinzipiell alle geometrisch möglichen Bahnen zugrunde zu legen (Punkt 3 der klassisch-mechanischen Bewegungsauffassung ist verletzt).

Mathematisch läßt sich die Wahrscheinlichkeitsamplitude des betrachteten Überganges als Kontinuumsintegral oder Integral entlang aller Bahnen (path integral) darstellen. Müßten dabei für physikalische Berechnungen tatsächlich die gegen unendlich gehende Zahl von Integrationen ausgeführt werden, so wäre diese Formulierung der Quantenmechanik kaum jemals in einem Lehrbuch aufgetaucht. Es ist möglich aus diesem komplizierten mathematischen Ausdruck einen alle physikalisch wesentliche Information enthaltenden multiplikativen Faktor herauszugliedern.

Eine der WIENERschen Betrachtung analoge Fragestellung nach den Bahneigenschaften der quantenmechanischen Objekte hat ergeben, daß die betrachteten stetigen Funktion sich fast immer (im mengentheoretischen Sinne — mit Ausnahme einer Menge vom Maß Null) als nicht differenzierbare Funktionen erweisen [FEYNMAN]. Während für die WIENERschen Überlegungen nicht klar war, ob es materielle Repräsentanten des Modells gibt, ist im Falle der FEYNMANschen Quantenmechanik daran kein Zweifel.

FEYNMAN hat gezeigt, wie die klassischen Bahnen als Grenzwert in der von ihm behandelten quantenmechanischen Bewegungskonzeption möglich sind. Diese Bewegungskonzeption war durch die Aufgabe der 3. und 4. Forderung der klassisch-mechanischen Bewegungsauffassung gekennzeichnet. Sowohl in der behandelten WIENERschen mathematischen Theorie als auch in der FEYNMANschen Quantenmechanik sind die Bewegungsabläufe zweier sich nicht überlappender Zeitintervalle als statistisch unabhängige angesehen.

Für den relativistischen Fall muß man diese Forderung aufgeben [FEYNMAN]. Elektronen wechselwirken dann über virtuelle Photonen mit sich selbst. Ihre Bewegung ist vom gesamten sie umgebenden Photonenfeld bestimmt, so daß die Unabhängigkeit von der Vorgeschichte in diesem Falle nicht mehr angenommen werden kann. Während man im nichtrelativistischen Falle also mit MARKOW-Ketten ohne Nachwirkung zur adäquaten Bewegungsbeschreibung kommt, hat man im relativistischen prinzipiell Nachwirkungen zu berücksichtigen.

Will man über mögliche Gründe für die von der klassich-mechanischen Bewegungskonzeption abweichende quantenmechanische Bewegungsauffassung mehr Klarheit gewinnen, als bisher herrscht, scheint es sinnvoll den Zusammenhang von physikalischem Vakuum und Bewegung der Mikroobjekte zu untersuchen. In der WIENERschen Theorie war die statistische Unabhängigkeit der Stöße für beliebig kleine, sich nicht überlappende Zeitintervalle Voraussetzung für die Nichtdifferenzierbarkeit der stetigen Bahnkurven.

In Übereinstimmung mit der DIRACschen relativistischen Quantenmechanik ist der physikalische Grundzustand nicht durch ein identisch Null gesetztes Energieniveau ausgezeichnet. Es existiert ein physikalisches Vakuum, dem prinzipiell unendlich viele Freiheitsgrade zuzuschreiben sind. Die Wechselwirkung mit diesem könnten für die in der quantenmechanischen Bewegungsauffassung gekennzeichneten nichtdifferenzierbaren Bahnkurven verantwortlich sein. Wenn diese Hypothese stichhaltig wäre, wären Bewegungseigenschaften mikrophysikalischer Objekte Ausdruck für Raum-Zeit-Eigenschaften im Mikrobereich. Die wahrscheinlichkeitstheoretischen Aussagen der Theorie kämen also durch die Einwirkungen eines niederen Strukturniveaus (Vakuum) auf das höhere (Mikroobjekte) zustande.

3.3. Quantenmechanische Bewegungsauffassung und physikalisches Vakuum

Von HEISENBERG wurde, wie bereits erwähnt, die Quantenmechanik entwickelt, indem er die mechanische Bahn eines Mikroobjektes als prinzipiell unbeobachtbares

Phänomen ausschaltete. In der Diskussion mit den Gegnern der neuen Mechanik und mit SCHRÖDINGER, der geglaubt hatte, eine Wellenmechanik im klassischen Sinne zu begründen, mußte das Problem der Bewegungsauffassung gelöst werden. Es mußte gezeigt werden, wie in der Quantenmechanik, die zunächst den Bahnbegriff nicht kannte, makromechanische Bahnen im Grenzfall möglich sind. Dadurch wurde HEISENBERG zur Koordinaten — Impuls Unbestimmtheitsrelation geführt, die wesentlich allgemeinerer Natur ist und prinzipiell für unvertauschbare Operatoren gilt, während BOHR das Komplementaritätsprinzip als allgemeine Eigenschaft wissenschaftlicher Erklärungen des Naturgeschehens zur Diskussion stellte. Der Zusammenhang von klassisch-mechanischer und quantenmechanischer Bewegungsauffassung ist — wie man 3.2. entnehmen kann — am konsequentesten im Rahmen der FEYNMANschen Formulierung der Quantenmechanik sichtbar.

Auf die Analogie der Bewegung quantenmechanischer Objekte und BROWNscher Teilchen haben SCHRÖDINGER und FÜRTH bereits verwiesen, als die WIENERsche Arbeit noch von ausschließlich mathematischem Interesse war. Heute gibt es dazu zahlreiche Arbeiten.

SOKOLOV und TUMANOV sprachen die Vermutung aus, daß Mikroobjekte ständigen Fluktuationsschlägen des virtuellen Feldes der Photonen im Vakuum ausgesetzt seien, die dazu führen, daß diese Mikroobjekte sich im quasiklassischen Fall auf Bahnen bewegen, die denen der BROWNschen Teilchen ähnlich seien. Aus Berechnungen für die Bewegung eines Elektrons im Synchrotron auf der Basis der Fluktuationstheorie ergab sich die HEISENBERGsche Unschärferelation für Koordinate und Impuls (SOKOLOV, 1958].

Das war Anlaß von einem „Makroatom“ zu sprechen. Elektronen bewegen sich im Synchrotron auf einer makroskopischen Bahn. Etwa bei einer Energie oberhalb von 100 MeV wird die Synchrotronstrahlung von Bedeutung. Es müssen relativistische Effekte für den Beschleunigerbau berücksichtigt werden, so daß hier die spezielle Relativitätstheorie zur angewandten Wissenschaft wird. Bei Energien oberhalb 500 MeV sind die Radialschwingungen der Elektronen nicht länger vernachlässigbar, die bis zum Zentimeterbereich anwachsen können, was auf Grund der Synchrotronstrahlung beobachtbar ist. Dabei werden die quantenmechanischen Bahnberechnungen beschleunigter Teilchen in Makrogeräten wesentlich [Sokolov, 1969].

Insofern scheint also Bohrs Behauptung, die Unbestimmtheitsrelationen seien prinzipiell immer auf eine unkontrollierbare Wechselwirkung des Makrogerätes mit den Mikroobjekten zurückzuführen, anfechtbar. Es spricht manches dafür, die Kompliziertheit der mikromechanischen Bewegung auf Eigenschaften eines tieferliegenden materiellen Strukturniveaus zurückzuführen, das bislang nicht explizit berücksichtigt wird.

1954 wurde nachgewiesen, daß ein klassischer Oszillator, der Fluktuationsstößen virtueller Photonen des Vakuums ausgesetzt ist, die gleichen Koordinaten- und Impulsverteilungen besitzt wie der quantenmechanische Oszillator im Grundzustand [Adriovič, Podgorecki]. Tjapkin zieht den Schluß, Vakuumfluktuationen seien die Ursache dafür, daß man die Näherung isolierter Objekte, die in der klassischen Mechanik möglich war, prinzipiell nicht mehr aufrecht erhalten kann [Filozofskie voprosy kvantovoi fiziki, 171].

Allgemein wird akzeptiert, daß die Bewegung *eines* nackten Elektrons im quantenelektrodynamischen Falle eine unzuverlässige Abstraktion darstellt. Aber auch im Formalismus der Quantenmechanik nach Schrödinger und Heisenberg scheint bereits mehr berücksichtigt zu sein als unmittelbar aus dem mathematischen Apparat ersichtlich ist.

In erster Linie sind der Isoliertheit klassischer Objekte quantenmechanische Grenzen gesetzt. Mit der Quantenmechanik ist man in die gesetzmäßigen Zusammenhänge eines unterhalb der makrophysikalischen Körper liegenden Strukturniveaus vorgedrungen. Es stellte sich heraus, daß sowohl die Isoliertheit der Makroobjekte als auch die auf dieser Basis mögliche Bewegungsauffassung aufgegeben werden müssen.

Die Mehrzahl der Physiker sieht heute in der Quantenmechanik eine prinzipiell statistische Theorie, in der die Abstrakta scharfer Meßgrößen zugunsten einer Verteilung möglicher Meßgrößen aufgegeben sind. Der ausschließlich wahrscheinlichkeitstheoretischen Forschungsmethoden zugängliche Bereich quantenmechanischer Phänomene kann u. U. die prinzipiell nicht eliminierbare Wechselwirkung der betrachteten Quantenobjekte mit dem Vakuum bereits zum Ausdruck bringen. Jedenfalls ist das physikalische Vakuum mit seiner unendlichen Zahl von Freiheitsgraden ein ideales Objekt wahrscheinlichkeitstheoretischer Beschreibung in der Physik.

Das scheinbar Einfachste (physikalisches Vakuum) kann sich im Ergebnis weiterer physikalischer Forschung als komplexestes Gebilde erweisen, das bislang physikalischer Forschung zugänglich war. Damit sind erhebliche theoretische Schwierigkeiten verbunden. Beispielsweise gehen in den Heisenbergschen Ansatz einer einheitlichen Elementarteilchentheorie bestimmte Eigenschaften des physikalischen Vakuums ein, die bislang nur hypothetisch angenommen werden können.

Welchen weiteren Einschränkungen die klassisch-mechanische Bewegungsauffassung auf dem Wege zu dem nächst niederen Strukturniveau unterliegt, läßt sich gegenwärtig nur schwer abschätzen. Die Feynmansche Analyse legt aber ebenso wie viele andere Arbeiten den Verdacht nahe, daß das mit einer weiteren Aufwertung wahrscheinlichkeitstheoretischer, also statistischer Gesetze verbunden sein wird.

Es gibt eine Reihe von Theoretikern, die glauben, daß in diesen Bereichen völlig andere Raum-Zeit-Strukturen vorliegen als in den bislang betrachteten. Mit einer Quantelung von Raum-Zeit [Blochinzev] wäre auch die 2. Forderung der klassisch-mechanischen Bewegungsauffassung aufzugeben, während die 1. aus der quantenelektrodynamisch nahegelegten Existenz einer elektromagnetischen Struktur aller Elementarteilchen ebenfalls unhaltbar geworden ist. Damit in Zusammenhang stehen Diskussionen über den weiteren möglichen Erkenntnisfortschritt physikalischer Forschung. Viele Theoretiker glauben an einer Schwelle angelangt zu sein, jenseits derer Bewegungsgesetze sowohl in ihrer dynamischen als auch statistischen Form ausgeschlossen sind.

In der alle Experimente mit genügender Genauigkeit erklärenden Hochenergiephysik liegen verschiedene Theorieansätze vor, die nicht mehr mit Bewegungsgleichungen arbeiten.[7]) Der gegenwärtige Zustand in diesem Bereich physikalischer Forschung ist dadurch gekennzeichnet, daß alle experimentellen Befunde im Rahmen bestimmter Modelle erklärbar sind. Es gibt aber beispielsweise kein Modell der stark wechselwirkenden Teilchen, das alle experimentellen Befunde gleichzeitig erklären könnte. Anstelle einer einheitlichen Theorie gibt es eine Modellvielfalt. Es scheint durchaus legitim zu fragen, woraus wir den Optimismus ableiten, in diesem Bereich eine Theorie zu finden, die von *einem* einheitlichen mathematischen Modell ausgeht. Derartige Erwartungen sind verständlich, wenn man davon überzeugt ist, daß die objektive Realität in ihrem Wesen mathematisch ist. Wir waren davon ausgegangen, daß es möglich ist, objektiv-reale Zusammenhänge mittels mathematischer Strukturen abzubilden, wollten beide aber nicht identifizieren. Dann wäre es nicht verwunderlich, wenn man in bestimmten Bereichen einander widersprechende mathematische Modelle benötigt. Das darf allerdings nicht als bewiesen gelten. Die Suche nach einer einheitlichen Theorie der Elementarteilchen ist aus diesem Grunde keinesfalls zu diskreditieren. Auch die Existenz einer derartigen Theorie würde nicht im Widerspruch zur vertretenen philosophischen Hypothese stehen, ist es doch bisher immer noch gelungen, in allen physikalischen Objektbereichen einheitliche Theorien zu schaffen und steht heute berechtigt die Frage nach der Einheit der Physik als Einheit ihrer Theorien. Solange eine einheitliche Theorie der Elementarteilchen noch aussteht, sollten die Versuche, sie auf der Basis einer sehr allgemeinen Bewegungsgleichung zu schaffen, nicht vorschnell verworfen werden.

Die Evolution der klassisch-mechanischen Bewegungsauffassung mechanisch isolierter Einzelobjekte hat auf dem Wege zur Bewegungsauffassung quantenmechanischer Objekte zur Einschaltung immer neuer statistischer und stochastischer Elemente in die dynamische Bewegungsgleichung (statistische Verteilung der Anfangswerte, Zufallskräfte) und schließlich zur Aufgabe der dynamischen Bewegungsgleichung selbst (Wahrscheinlichkeitsverteilung möglicher Meßgrößen) geführt. Dabei wurde eine statistischen Gesetzen entsprechende Bewegungsauffassung im Rahmen der FEYNMANschen Quantenmechanik konzipiert. Auf dem Weg zur konsistenten relativistischen Quantenmechanik, die alle bekannten Wechselwirkungen einschließen sollte, wird die Möglichkeit der Aufgabe von Bewegungsgleichungen überhaupt diskutiert. Die Isoliertheit der betrachteten Objekte scheint unmöglich zu sein, was den Begriff der Elementarität physikalisch problematisch macht.[8])

Dieser Weg von der klassisch-mechanischen Bewegungsauffassung zur quantenmechanischen und der möglichen Aufgabe von Bewegungsauffassungen isolierter Objekte überhaupt ist durch entsprechende Raum-Zeit-Verhältnisse gekennzeichnet. Nicht die Geometrie der Raum-Zeit wird verändert (obwohl in der Elementarteilchentheorie auch solche Hypothesen erörtert werden). Es gibt eine Hierarchie möglicher Bahnen im dreidimensionalen Raum, die zur Gesamtheit der stetigen und fast nirgends differenzierbaren möglichen Bahnen führt, in denen alle anderen Abstrakta geringeren Allgemeinheitsgrades möglicher Bahnen bis hin zu den eindeutigen zweifach differenzierbaren Raum-Zeit-Kurven der klassisch-mechanischen Bewegungsauffassung enthalten sind.

Die Evolution dieser Bewegungsauffassung erweist sich philosophisch als Entwicklungsprozeß der physikalischen Theorie, in dem die Bewegung entlang von Bahnen in der HEISENBERGschen Quantenmechanik überhaupt negiert ist, die dann ihrerseits in der Unbestimmtheitsrelation und der FEYNMANschen Bewegungsauffassung dialektisch aufgehoben wird.

3.4. Bemerkungen zur Theorie verborgener Parameter

Ist der Zustand eines quantenmechanischen Systems im Zeitpunkt t_0 bekannt,

$$\psi_0 = \psi(t_0), \tag{6}$$

so kann aus Gl. (5) der Zustand dieses Systems für einen beliebigen anderen Zeitpunkt eindeutig bestimmt werden. Aus der Theorie nicht eindeutig bestimmbar sind die Werte der Meßgrößen. Die Quantenmechanik liefert, wie bereits betont, die Erwartungswerte der entsprechenden Größen. Insofern ist sie eine prinzipiell statistische Theorie, das Bewegungsgesetz der Quantenmechanik ein statistisches Gesetz auf der Basis des Determinationstyps II. Im Unterschied zu den Gesetzen der klassischen statistischen Physik sind nicht direkt die Wahrscheinlichkeitsverteilungen der Meßgrößen miteinander verbunden, sondern die statistisch zu interpretierenden ψ Funktionen.

Das führte zu der Frage, ob die Bestimmung des Zustandes in der Quantenmechanik vollständig ist. Von EINSTEIN, PLANCK, DE BROGLIE, LANGEVIN, LAUE u. a. wurde die Auffassung vertreten, daß es verborgene Parameter geben müsse, deren Berücksichtigung die Meßwerte aller meßbaren Größen prinzipiell eindeutig festlegt bzw. Modifikationen der Theorie in diese Richtung möglich sind. Vorbild derartiger Betrachtungen war in der Regel eine Bewegungsauffassung, wie wir sie bei der Diskussion von Gl. (4) kennengelernt haben. Das dynamische Bewegungsgesetz auf der Ebene des Determinationstyps I sollte beibehalten werden, wobei das Einschalten von Zufalls„kräften“ nicht ausgeschlossen war.

Mit verborgenen Parametern — so wurde gefordert — müßten *streuungsfreie Zustände* in bezug auf alle Meßgrößen konstruiert werden, also solche Zustände, die eine gleichzeitige genaue Bestimmung aller Meßgrößen gestatten. Mit diesen Zuständen könnte es keine Streuung der Meßgrößen mehr geben, wie sie aus der gegenwärtigen Theorie in Übereinstimmung mit allen bisherigen experimentellen Beobachtungen folgt.

1932 hat J. v. NEUMANN einen Satz bewiesen, nach dem streuungsfreie Zustände in bezug auf alle Meßgrößen für die Quantenmechanik unmöglich sind [J. v. NEUMANN, 162—171]. Die Analyse der Voraussetzungen dieses Satzes hat aber gezeigt, daß deren Erfüllung keineswegs offensichtlich ist. Das Problem wird auch nicht durch den JAUCH-PIRONschen Satz gelöst, in dem die Voraussetzungen für die Nichtexistenz verborgener Parameter zwar deutlicher werden, jedoch ebenso wie im Falle des NEUMANNschen Beweises unklar bleibt, ob man diese Voraussetzungen als erfüllt betrachten kann [JAUCH, PIRON], [PIRON]. Klar bleibt nach diesen Sätzen, daß eine Modifikation der Quantenmechanik mit verborgenen Parametern, die über den Gültigkeitsbereich der gegenwärtigen Quantenmechanik hinausführt, davon in keiner Weise berührt sein kann, da alle bisherigen Beweise für die Nichtexistenz verborgener Parameter von den Voraussetzungen der Quantenmechanik selbst ausgehen. Es müßte natürlich dem Korrespondenzprinzip Genüge getan werden, d. h. die bisherigen Ergebnissen müßten, so weit sie experimentell bestätigt sind, ebenfalls aus einer solchen Theorie folgen.

Offen bleibt die Frage, ob verborgene Parameter in die Theorie in ihrem bisherigen Gültigkeitsbereich eingeführt werden können, bzw. Modifikationen dieser Theorie für makroskopisch weit separierte Systeme ohne Einführung verborgener Parameter möglich sind. Es gibt heute in beiden Richtungen eine Reihe konkreter Versuche, die zu überprüfbaren experimentellen Konsequenzen führen (vgl. [Wigner; Bohm; Clauser u. a.]).

Bislang ist noch kein experimenteller Beweis für die Richtigkeit des einen oder anderen Ansatzes gelungen, woraus allerdings auch nicht auf die Unmöglichkeit solcher Nachweise geschlossen werden darf. Es gibt jedoch einen interessanten Satz von Bell, der besagt, daß bei Beibehaltung der Lokalität der Theorie verborgene Parameter, die das Einzelereignis determinieren, grundsätzlich unmöglich sind [Bell]. Wie Mittelstaedt zurecht konstatiert, verschwindet damit die ursprüngliche Motivation für die Einführung verborgener Parameter, die der Vorstellung einer lokalen Wechselwirkung entsprang. „So bedeutet der Satz von Bell, daß man verborgene Parameter gerade unter den Bedingungen nicht einführen kann, unter denen ihre Einführung interessant und wünschenswert wäre“ [Mittelstaedt, 165].

Vom Standpunkt der bisherigen Anwendungen der Theorie gibt es weder die Notwendigkeit, die Quantenmechanik durch verborgene Parameter zu „ergänzen“ noch irgendeinen Beweis für die Unmöglichkeit derartiger Versuche. Dabei ist natürlich jeder ernstzunehmende Versuch, verborgene Parameter in die Quantenmechanik einzuführen oder die Theorie in anderer Weise zu modifizieren, der Bewährung im Experiment und der theoretischen Analyse unterworfen. Wie die Arbeit Bells vermuten läßt, würden verborgene Parameter in der Quantenmechanik diese Theorie nicht den klassischen Vorstellungen näherbringen, sondern sie vielmehr noch weiter davon entfernen. Aber gleichzeitig könnten wahrscheinlich bestimmte Zusammenhänge und Übergänge zwischen den Gesetzen der klassischen Mechanik und der Quantenmechanik deutlicher werden. Das zeichnet sich beim heute nach wie vor noch viel diskutierten Begründungsproblem der statistischen Physik ab, dem wir uns jetzt zuwenden wollen. Damit wird in einem einfacher überschaubaren Bereich als dem der Quantenmechanik[9]) die Frage gestellt, ob die klassisch-mechanische Bewegungsauffassung des isolierten Einzelteilchens auch dann noch beizubehalten ist, wenn dieses Teilchen in ein großes Kollektiv miteinander wechselwirkender Objekte eingeht, wie das für alle thermodynamischen Systeme beispielsweise der Fall ist.

4. Statistische Bewegungsgesetze und deren Begründungsproblematik

4.1. Begründungsproblematik der statistischen Physik

4.1.1. Theorie der Gleichgewichtszustände

Die Thermodynamik[1]) hat sich als phänomenologische Theorie unabhängig von der klassischen Mechanik entwickelt. Heute liegt sie als makrophysikalische Theorie vor, die den thermodynamischen Gleichgewichtszustand innerhalb verschiedener Axiomensysteme beschreibt. Die Theorie des thermodynamischen Nichtgleichgewichts ist noch im Aufbau begriffen, obwohl es auch hier schon Versuche verschiedenen axiomatischen Aufbaus für bestimmte Nichtgleichgewichtstypen gibt.

Die statistische Thermodynamik (statistische Mechanik) war ursprünglich ein Versuch, die thermodynamischen Gesetze physikalischer Makrosysteme aus denen der sie konstituierenden Mikroobjekte zu deduzieren. Zunächst wurden die Methoden dieser Theorie geschaffen [Clausius, Maxwell, Boltzmann, Gibbs, Bose, Einstein].[2]) Die Diskussion der Grundlagen hält bis heute an. In die Phase der Ausarbeitung der Theorie fallen die weltanschaulich bedeutsamen Auseinandersetzungen Boltzmanns mit seinen machistischen Gegenspielern um die Anerkennung des Atomismus in der Physik.[3]) Die Atomhypothese wurde mit positivistischen Argumenten abgelehnt. Atome konnten nach MACH nicht existieren, da sie damals angeblich sinnlich nicht wahrnehmbar waren. Die Überzeugung von der Richtigkeit der BOLTZMANNschen Atomhypothese war eine der wesentlichsten Voraussetzungen für die Einführung des PLANCKschen Wirkungsquantums. Wenn die vom mechanischen Materialismus mit Stoff identifizierte Materie diskret war, konnte in Erwägung gezogen werden, daß möglicherweise auch die Wirkung diskret ist. Diese 1900 von PLANCK geäußerte Idee half bekanntlich die Probleme der Wärmestrahlung des schwarzen Körpers zu lösen und war der Ausgangspunkt für die Entwicklung der modernen Quantentheorie.[4]) Damit ist auch inhaltlich auf einen Zusammenhang der statistischen Physik mit der Quantenphysik verwiesen, der verschiedentlich nur als formaler Zusammenhang durch die Verwendung des gleichen Determinationstyps erscheint. Erst nachdem der für die statistische Thermodynamik adäquate Formalismus durch GIBBS und unabhängig von ihm durch BOSE und EINSTEIN gefunden war (BOLTZMANNS Untersuchungen lagen gewissermaßen im Vorfeld), begannen die Versuche verschiedenster theoretischer Schulen, diesen Apparat formal zu begründen. Dazu war eine Untersuchung der indirekt benutzten Annahmen, also eine Analyse des Bedingungsgefüges der entsprechenden statistischen Gesetze erforderlich.

Es erwies sich, daß diese Annahmen in drei Gruppen zerfallen. Die statistische Thermodynamik setzt in ihrer bekannten Form voraus:

1. Gültigkeit der klassischen Mechanik,
2. Axiome der Wahrscheinlichkeitsrechnung,
3. Spezifische Annahmen der statistischen Thermodynamik.

Entsprechend dem vor der Quantenmechanik durchaus üblichen Verständnis der Wahrscheinlichkeit nach LEIBNIZ und LAPLACE akzeptierte man die Axiome der Wahrscheinlichkeitstheorie für die statistische Thermodynamik wegen der Hoffnungslosigkeit, die mechanischen Gleichungen eines Vielteilchensystems zu integrieren und gar die Anfangswerte in die allgemeinen Lösungen einzusetzen. Ganz davon zu schweigen, daß nicht die geringste Aussicht besteht, die Anfangswerte jemals in einem thermodynamischen System zu bestimmen. Die spezifischen Axiome der statistischen Thermodynamik versuchte man aus der klassischen Mechanik zu erhalten. So entstanden die „Begründungsversuche", die mit der Entstehung der auf der Basis der neuen Quantenmechanik konzipierten Quantenstatistik auf diese erweitert wurden.[5])

Damit war ein generelles Problem der statistischen Physik in Angriff genommen, die im Verständnis der Mehrzahl der theoretischen Physiker „das makroskopische physikalische Geschehen durch einen mikroskopischen Hintergrund mit sehr vielen Teilchen oder sehr vielen Freiheitsgraden erklären" will [Hund, 1972, 317]. Dem liegt die Auffassung zugrunde, daß die Bewegungsgesetze der relativ isolierten Einzelteilchen auch in der statistischen Gesamtheit gültig sind und das Verhalten der Gesamtheit bestimmen. In der Begründungsproblematik wird immer gefragt, ob die Bewegungsgesetze der Einzelteilchen das Verhalten der makrophysikalischen Gesamtheit vollständig bestimmen oder ob auf der Ebene dieser Objekte spezifische Gesetze wirken. Es geht also immer um die Frage, ob die Gesetze der statistischen Physik lediglich unserem Unvermögen geschuldet sind, die Bewegungsgesetze der Einzelteilchen (klassisch-mechanisch oder quantenmechanisch) zu integrieren oder ob ihnen, ähnlich wie in der Quantenmechanik, objektive Unbestimmtheiten zugrunde liegen, die prinzipiell nur wahrscheinlichkeitstheoretisch erfaßbar sind. Lassen sich die statistischen Gesetze der Theorie auf der Basis des Determinationstyps I begründen oder muß man prinzipiell vom Determinationstyp II ausgehen? Die konstruktive Fragestellung des Begründungsproblems lautet:

Wie weit kommt man mit den Bewegungsgesetzen der Einzelteilchen in statistischen Gesamtheiten?

Sollte es gelingen, nachzuweisen, daß diese Versuche fehlschlagen müssen, wäre für einen Bereich der objektiven Realität, der in der Physik abgebildet wird, nachgewiesen, daß die Strukturiertheit der materiellen Welt nicht nur in einer Strukturiertheit der Objekte selbst besteht, sondern daß die verschiedenen Strukturniveaus auch qualitativ unterschiedenen gesetzmäßigen Zusammenhängen gehorchen, daß statistische Gesetze nicht notwendig auf dynamische rückführbar sind, daß dem Determinationstyp II prinzipielle Bedeutung zukommt.

Sollte ein erfolgreicher Begründungsversuch der statistischen Thermodynamik möglich sein, so bliebe dieser Bereich zwar in den Teilchenniveaus strukturiert, beide betrachteten Niveaus unterlägen aber prinzipiell den gleichen Bewegungsgesetzen, den dynamischen Gesetzen auf der Ebene des Determinationstyps I. Beide Varianten sind physikalisch möglich, in keiner Weise könnten sie über den Charakter der Gesetze der Quantenmechanik erschöpfend Auskunft erteilen, noch würden sie den heuristischen Wert wahrscheinlichkeitstheoretischer Forschungsmethoden in anderen Disziplinen ernsthaft in Zweifel ziehen. Das philosophische Interesse an den Begründungsversuchen der statistischen Physik beruht u. a. wesentlich darauf, daß in dieser Theorie der Zusammenhang zweier objektiv unterschiedener materieller Strukturniveaus (Atome, Moleküle und Makroobjekte) einzelwissenschaftlich abgebildet ist, was im Hinblick auf die analoge Fragestellungen für wesentlich komplexere Systeme (Lebewesen, Gesellschaftssysteme u. a.) von Bedeutung ist.

Die Mehrzahl der Physiker geht heute davon aus, daß die statistische Thermodynamik hinreichend begründet ist. Erfolgreiche Anwendung der Theorie erfordert nicht die Diskussion der Begründungsproblematik. Am Beispiel dieser physikalischen Theorie läßt sich zeigen, daß der Mensch in der Lage ist, Theorien zu entwerfen, die sich über lange Zeit der Möglichkeit entziehen zu prüfen, ob sie aus bereits existierenden begründbar sind oder eine wesentlich neue Erkenntnisstufe darstellen.

Für den Aufbau der statistischen Thermodynamik ergeben sich folgende Probleme:

1. Mikrophysikalische Beschreibung makrophysikalischer Größen,

2. Existenz des thermodynamischen Gleichgewichts für geschlossene Systeme,

3. Beschreibung der zum Gleichgewicht führenden Prozesse, bzw. der Veränderung aller Meßgrößen in der Zeit.

Alle drei Punkte sind mit dem hier in erster Linie erörterten Begründungskomplex verwoben.

Wir wollen uns jetzt dem 1. Problem zuwenden.

In der statistischen Thermodynamik sind die bekannten thermodynamischen Größen Temperatur, Entropie u. a. Meßgrößen der Theorie. Objekte der statistischen Thermodynamik sind also immer durch makrophysikalisch meßbare thermodynamische Größen charakterisiert, die in die Theorie als Funktionen oder Funktionale mikrophysikalisch möglicher Größen eingebracht werden.[6]) Die statistischen Gesetze, die das thermodynamische Verhalten makrophysikalischer Objekte charakterisieren, sind im Grenzfall mit denen der phänomenologischen Thermodynamik identisch. Allerdings wird die Eindeutigkeit der Meßgrößen der phänomenologischen Thermodynamik nur als scharfes Maximum einer entsprechenden Wahrscheinlichkeitsverteilung erreicht, so daß prinzipiell Abweichungen nicht ausgeschlossen bleiben, makrophysikalische Abweichungen von den Gesetzen der statistischen Theorie aber extrem unwahrscheinlich sind. Alle empirisch prüfbaren Aussagen sind Zustände überwältigend großer Wahrscheinlichkeit.

Damit wird deutlich, daß die eine notwendig sich verwirklichende Möglichkeit des Systems entsprechend der

Bestimmung eines statistischen Gesetzes durch eine Verteilungsfunktion gegeben ist. Die statistischen Gesetze dieser Theorie sind auf der Basis des Determinationstyps II formuliert. Die Abhängigkeit der makrophysikalischen thermodynamischen Größen von mikrophysikalisch möglichen Größen sind auf zwei Arten realisierbar. In der Regel wird davon ausgegangen, daß jedes Einzelteilchen eines thermodynamischen Systems über eine Bewegungsgleichung der Einzelteilchen verfügt. Macht man diese Voraussetzung nicht, so ergibt sich ein von der traditionellen Theorie abweichender Aufbau, in dem sich das Begründungsproblem nicht stellt (vgl. 4.2).

Der hier betrachtete Aufbau setzt also die Gültigkeit des NEWTONschen Bewegungsgesetzes für jedes Einzelteilchen voraus, es gilt die klassisch mechanische Bewegungsauffassung, und so kommt es überhaupt erst zum „Begründungsproblem". Der ohne wesentliche Komplikationen vollzogene Übergang von der klassischen statistischen Thermodynamik zur Quantenstatistik weist darauf hin, daß es nicht so sehr auf die Art der zugrundeliegenden Bewegungsgleichung des niederen Strukturniveaus (Teilchen) ankommt, als vielmehr auf die Tatsache, daß eine solche überhaupt existiert.

Im klassischen Fall eines N-Teilchensystems ohne nnere Freiheitsgrade spannen die 6 N Koordinaten einen euklidischen Phasenraum (Γ-Raum) auf. Jeder Zustand (auch Phase genannt) des betrachteten Systems ist dann eindeutig durch einen Punkt in diesem Raum bestimmt. Die thermodynamischen Meßgrößen Y_i sind entsprechend der geschilderten Annahme als Funktionen dieser $6N$ Argumente dargestellt:[7])

$$Y_i = Y_i\,(x_1 \ldots x_N, t)\,, \qquad i = 1, 2, \ldots M\,,$$

$$x_k \;= \boldsymbol{q}_k, \boldsymbol{p}_k\,, \qquad k = 1, 2, \ldots N\,, \tag{7}$$

$\boldsymbol{q}_k$ — generalisierte Koordinate,

$\boldsymbol{p}_k$ — generalisierter Impuls.

Für die makrophysikalische Beschreibung gilt immer $M \ll N$. Es findet also eine Reduktion der Zahl physikalischer Meßgrößen statt. Vom Standpunkt der Mikromechanik ist dabei nicht entscheidbar, was ein vollständiger Satz makrophysikalischer Größen ist. Angenommen die Zahl M charakterisiere einen solchen vollständigen Satz.

Den Punkten im Γ-Raum entspricht dann eindeutig ein vollständiger Satz thermodynamischer (also makrophysikalischer) Meßgrößen. Jedem solchen Satz entsprechen Gebiete endlichen, von Null verschiedenen Volumens im mikrophysikalischen Darstellungsraum. Das ist evident mit der Behauptung der Reduktion der Beschreibung.

Entscheidend wird also sein, wenn man den prinzipiellen Charakter der statistischen Bewegungsgesetze nachweisen will, ob es gelingt, Gewißheit über die Vollständigkeit des Satzes makrophysikalischer Meßgrößen in dem Sinne zu gewinnen, daß jede weitere mögliche Größe entweder nicht meßbar ist oder aber den physikalischen Informationen über das System keine neuen hinzufügt.

Andererseits müßte für die Lösung des Begründungsproblems nachgewiesen werden, daß sowohl die Zahl M als auch die Art der Meßgrößen aus der entsprechenden Mikromechanik folgt. Das ist bisher nirgends gezeigt, und es besteht auch wenig Hoffnung, daß ein derartiger Nachweis gelingen könnte. Daraus resultiert die berechtigte Überzeugung, daß die Thermodynamik ein von der Mechanik verschiedenes Strukturniveau abbildet.[8])

Kommen wir nun zum zweiten der angeführten Probleme beim Aufbau der statistischen Thermodynamik.

Thermodynamik isolierter Systeme setzt die Existenz des thermodynamischen Gleichgewichts voraus.[9]) Ruelle verweist darauf, daß dieser Zustand ausschließlich konstruktiv bestimmt ist als Zustand, den ein isoliertes System über eine gegen unendlich gehende Zeit erreicht (mathematisch) oder als Zustand, den ein isoliertes

System in der Relaxationszeit erreicht (physikalisch). Diese Bestimmung entzieht sich theoretischer Begründung und zeichnet von vornherein eine Zeitrichtung in der entsprechenden physikalischen Theorie aus [RUELLE, 12].

Die der statistischen Thermodynamik unterstellte klassisch-mechanische Bewegungsgleichung kennt eine solche ausgezeichnete Zeitrichtung nicht.[10]) Reversibilität des dynamischen Bewegungsgesetzes steht die Irreversiblität der zu begründenden statistischen Gesetze gegenüber. Der das isolierte thermodynamische System repräsentierende Bildpunkt bewegt sich im $6N$ dimensionalen Γ-Raum auf der Oberfläche der eindeutigen Bewegungsintegrale entlang einer Bahn, die sich nirgends schneidet (Folge der Eindeutigkeit von Lösungen der mikrophysikalischen Bewegungsgleichung), die aber nach genügend großer Zeit jede noch so klein gewählte Umgebung eines Punktes dieser Bahn wieder erreicht (POINCARÉscher Wiederkehrsatz).

Wäre die mikrophysikalische Beschreibung des thermodynamischen Systems mit seiner makrophysikalischen identisch, läge ein logischer Widerspruch vor, der im LOSCHMIDTschen Umkehreinwand und im ZERMELOschen Widerkehreinwand gegen die statistische Deutung des zweiten Hauptsatzes durch BOLTZMANNS H-Theorem historisch auch tatsächlich vorgebracht worden ist. Dieser Widerspruch wird, wie von BOLTZMANN angedeutet dann vermieden, wenn man die beiden Beschreibungen als Beschreibungen physikalisch unterschiedener Strukturniveaus charakterisiert. Das war zunächst eine Hypothese, deren Richtigkeit heute aber nicht mehr ernsthaft, zu bezweifeln ist. BOLTZMANN ging davon aus, daß die Beschreibung eines idealen Gases (keine Wechselwirkung zwischen den Stößen der Teilchen) von N Teilchen im $6N$-dimensionalen Phasenraum auf den 6-dimensionalen μ-Raum reduziert werden kann, in dem das System durch N Punkte repräsentiert ist. Dieser μ-Raum kann in 6-dimensionale Gebiete aufgeteilt werden, deren Volumen mit $\omega_1, \omega_2, \ldots, \omega_k$ gegeben sind. Im i-ten Gebiet befinden sich n_i Teilchen.

Während der Übergang vom mikrophysikalischen Γ- zum „makrophysikalischen" μ-Raum offensichtlich eindeutig vollziehbar ist, entspricht jedem Satz von $\{n_i\}$ in Γ ein Gebiet des Volumens

$$W = \frac{N!}{n_1!\, n_2! \ldots n_k!}\, \omega_1^{n_1} \cdot \omega_2^{n_2} \ldots \omega_k^{n_k}, \tag{8}$$

wobei die Teilchenzahl erhalten bleibt: $\sum_{i=1}^{k} n_i = N$.

Dieses Volumen entspricht *einem* Zustand in μ. Für W hat BOLTZMANN gezeigt, daß es für einen Satz $\{n_i\}$ über ein scharfes Maximum verfügt, Das heißt: Es gibt für jedes System *einen* makrophysikalischen Zustand, dem ein sehr großes Gebiet im Phasenraum entspricht, während alle anderen Zustände durch wesentlich kleinere Gebiete dieses Raumes charakterisiert sind. Macht man die Annahme, daß die Aufenthaltsdauer in den Zuständen gleich dem Volumen der entsprechenden Gebiete des Phasenraums ist, kommt man über BOLTZMANNS berühmte Formel

$$S = k \ln W, \tag{9}$$

die die Zustandswahrscheinlichkeit W mit der Entropie der phänomenologischen Thermodynamik S verbindet, zum konsistenten Aufbau der statistischen Thermodynamik. Das System befindet sich die größte Zeit in dem Zustand, welchem ein maximales Volumen im Phasenraum entspricht (Gleichgewicht) und passiert trotzdem in entsprechend großen Zeitintervallen eine beliebige Umgebung jedes fixierten Punktes. Alle Teilchen bewegen sich auf reversiblen Kurven, während das Verhalten des Systems als irreversibler, auf den Gleichgewichtszustand zustrebender Prozeß (mit entsprechenden Fluktuationen) gekennzeichnet ist. Der Widerspruch zwischen der Reversibilität der mikrophysikalischen Bewegung und der makrophysikalischen ist vermieden.

In der Theorie des Einzelsystems nach BOLTZMANN wird der thermodynamische Gleichgewichtszustand also über den entsprechenden Satz makrophysikalischer Größen als Gebiet maximal großen Volumens in den mikrophysikalischen Beschreibungsraum eingebaut. „Der Gleichgewichtszustand eines Systems ist der unter den Nebenbedingungen konstanter Energie und konstanter Teilchen wahrscheinlichste Zustand" (BOLTZMANN, zitiert nach [MÜNSTER, 188]).

Die Theorie des Einzelsystems ist von DARWIN und FOWLER weiterentwickelt und wird heute auch für den Aufbau der Quantenstatistik benutzt, obwohl sie gegenüber der GIBBSschen Ensembletheorie den Nachteil besitzt, nur für unabhängige Teilchen möglich zu sein.

Ensembletheorie und Theorie des Einzelsystems führen zu äquivalenten thermodynamischen Ergebnissen. Das mit den Mitteln der statistischen Theorie zu untersuchende objektiv vorhandene System, das in ausreichender Näherung als thermodynamisches angesehen werden kann, wird in der GIBBSschen Ensembletheorie durch eine große Menge virtueller Systeme ersetzt, die dem zu betrachtenden ähnlich sein müssen. Diese bilden eine GIBBSsche Gesamtheit oder das Ensemble gedachter Systeme.

Wegen der geforderten Ähnlichkeit aller gedachten Systeme in bezug auf die Anzahl molekularer Konstituenten und der Hamiltonfunktion ist es möglich, alle Bildpunkte der Gesamtheit in einem Phasenraum darzustellen, in dem sie mit einer bestimmten Dichte $D_N(x_1, x_2, \ldots x_N, t)$ verteilt sind.

Diese Verteilung ist als Funktion aller Koordinaten des Phasenraumes und der Zeit anzusehen. Für die Gleichgewichtsstatistik ist ihre explizite Form unter fixierten makrophysikalischen Bedingungen von GIBBS gefunden worden, während das Problem für die Nichtgleichgewichtsstatistik im allgemeinen Fall noch weitgehend der Lösung harrt.

Für den Aufbau der statistischen Thermodynamik ist folgende Annahme notwendig: Die Wahrscheinlichkeit, ein gegebenes reales System zu einem fixierten Zeitpunkt in einem bestimmten mikrophysikalischen Zustand vorzufinden, ist gleich der Wahrscheinlichkeit, daß ein zufällig aus dem Ensemble ausgewähltes System zu diesem Zeitpunkt über den gleichen mikrophysikalischen Zustand verfügt.

Der Zustand des Einzelsystems ist also immer wahrscheinlichkeitstheoretisch bestimmt.[12])

Nach Münster gibt es zwei Wege, um auf dieser Grundlage zu makrophysikalischen thermodynamischen Größen zu kommen. Der eine ist der von Gibbs selbst beschrittene, den Tolman als „Theorie des repräsentativen Ensembles" bezeichnet hat.

Ein „repräsentatives Ensemble" ist das makrophysikalisch beschriebene Originalsystem, also ein vom Standpunkt der Mikromechanik fragmentarisch charakterisiertes System. Ohne eine zusätzliche Annahme ist über die Verteilung innerhalb des makrophysikalisch fixierten Gebietes im Phasenraum nichts bekannt.

Ganz im Sinne der Laplaceschen Auffassung der Wahrscheinlichkeit kann man als naheliegend betrachten, daß gleichgroßen Gebieten des Phasenraums gleiche a priori Wahrscheinlichkeiten zugeordnet sind. Man spricht von der sogenannten Tolmanschen „Hypothese gleicher a priori Wahrscheinlichkeiten". Wie N. S. Krylov gezeigt hat, ergeben sich auf der Basis der Tolmanschen Hypothese Schlußfolgerungen, die direkt der Erfahrung widersprechen, so daß diese Hypothese nicht Grundlage des deduktiven Aufbaus der statistischen Thermodynamik in der Mechanik sein kann, wohl aber im Rahmen einer eigenständigen Theorie möglich bleibt [Krylov, 62]. Es ist aber auch möglich, die Verteilungsfunktion so zu postulieren, daß sich unter den das System charakterisierenden makrophysikalischen Bedingungen im thermodynamischen Grenzübergang

($N \to \infty$, $V \to \infty$, $\frac{N}{V} = \text{const}$) die phänomenologischen thermodynamischen Zustandsgleichungen und die drei Hauptsätze ergeben.[13])

Dabei hat man die Ergodenhypothese anzunehmen, die besagt, daß die mit einer solchen Verteilungsfunktion gemittelten makrophysikalischen Größen gleich den entsprechenden Zeitmittelwerten sind. Im Rahmen der Ergodentheorie kann versucht werden, diese Hypothese aus den mechanischen Eigenschaften der Systeme deduktiv zu begründen. Die sich ergebenden Dichteverteilungen sind in beiden Fällen gleich.[14]) Ensembletheorien auf der Grundlage der Ergodenhypothese und der Hypothese gleicher a priori Wahrscheinlichkeiten sind physikalisch identisch. Dafür spricht auch TER HAARS Versuch, die Gleichwahrscheinlichkeit der Mikrozustände zu begründen. Er war gezwungen, dafür die Quasiergodenhypothese einzuführen [TER HAAR; 1955].

Die Begründungsversuche der statistischen Thermodynamik des Gleichgewichts führen also zu einer im Rahmen der Ergodentheorie angestrebten Begründung der Ergodenhypothese. Diese Begründung soll durch die mechanischen Eigenschaften des Systems erfolgen.

Jede empirische Messung makrophysikalischer Größen beruht auf einer Mittlung über Zeitintervalle. In der statistischen Thermodynamik ist streng genommen die für die traditionelle klassisch-mechanische Bewegungsauffassung charakteristische Annahme ausgeschlossen. Gehen die Meßzeitintervalle gegen Null, kann man nicht hoffen, eindeutige Meßgrößen zu erhalten. Fluktuationen gibt es immer. Es ist gefragt, ob man dies als wesentliche Charakteristika der Größen der mathematisierten physikalischen Theorie ansieht, wie das in der Bewegungsauffassung nach BORN der Fall war oder ob man sie weiterhin als Störungen dynamischer Meßgrößen behandelt.

Statistische Gleichgewichtseigenschaften ergeben sich asymptotisch für große Zeiten und werden in die Theorie als Zeitunabhängigkeit der Meßgrößen eingeführt. So kann man bei Messungen theoretisch über unendlich große Zeitintervalle mitteln. Der experimentelle Meßvorgang vollzieht sich in Systemen der Quasigleichgewichtsthermodynamik[15]) über Zeitintervalle, die größer als die Relaxationszeit sind.

Während in der Theorie des Einzelsystems die Phasenmittel mit den empirisch bestimmten makrophysikalischen Größen identifiziert werden, geschieht das in der Ensembletheorie mit den über die Gesamtheit gebildeten Mittelwerten. In beiden Fällen taucht das sogenannte Ergodenproblem auf, das in der Wahrscheinlichkeitstheorie von Mises bei der Darstellung von zeitlichen Zustandsreihen als Kollektiv im Sinne seines Aufbaus der Wahrscheinlichkeitstheorie bereits angesprochen war. Immer wird gefragt, unter welchen Bedingungen die Gleichsetzung der zeitlichen Mittelwerte mit den Phasenmitteln des Einzelsystems oder der Gesamtheit möglich ist. Boltzmann hatte dieses Problem durch seine Ergodenhypothese gelöst. Er nahm an, daß die Phasentrajektorie eines konservativen Systems durch alle Punkte der Energiefläche des von ihm erreichbaren Phasenraumes hindurchgeht. Dann ist die vollständige Lösung der dynamischen Bewegungsgleichung für die Bildung der Zeitmittel entlang der Phasentrajektorie nicht erforderlich. Vielmehr können diese zeitlichen Mittel durch das Verhältnis des Flächeninhaltes jenes makrophysikalisch gegebenen Gebietes der Energiefläche zur Gesamtfläche gleicher Energie im erreichbaren Phasenraum ersetzt werden. Generell sind dann also zeitliche Mittel durch Phasenmittel ersetzbar.

1912 haben P. und T. Ehrenfest gezeigt, daß für die Ersetzung der zeitlichen Mittel durch Phasen- bzw. Ensemblemittel die Quasiergodenhypothese genügt, nach der die Trajektorie eines isolierten Systems jedem Punkt der Energiefläche im Phasenraum beliebig nahekommt.

Später wiesen Rosenthal und Plancherel nach, daß die von Boltzmann formulierte Ergodenhypothese unhaltbar sei, nachdem bereits TOLMAN anschauliche Argumente gegen deren Richtigkeit geliefert hatte.

Es erwies sich, daß die EHRENFESTsche Ergodenhypothese zwar eine notwendige Bedingung für die Gleichheit der Zeitmittel mit den Phasenmitteln einer beliebigen stetigen Zustandsfunktion ist, jedoch keine hinreichende Bedingung derselben darstellt.

Heute bezeichnet man die Gleichheit der zeitlichen Mittelwerte mit den Phasenmittelwerten selbst als Ergodenhypothese. Die mathematische Ergodentheorie untersucht die Bedingungen einer solchen Gleichheit. Entstanden ist diese Theorie ursprünglich in dem Bestreben, die statistische Thermodynamik aus der klassischen Mechanik zu „begründen". Als mathematische Theorie verselbständigte sie sich und wurde zu einer bedeutenden Richtung in der allgemeinen Theorie dynamischer Systeme, die lange Zeit von den Physikern relativ unbeachtet blieb.[16]) Unter der Voraussetzung, daß ein mechanisches System metrisch transitiv ist, kann die Ergodenhypothese begründet werden. Von BIRKHOFF, J. v. NEUMANN u. a. sind Ergodentheoreme formuliert worden, die dann auf die entsprechenden Systeme anzuwenden sind.

Metrische Transitivität heißt: Die Energiefläche des Phasenraumes kann so in zwei Gebiete zerlegt werden, daß die gesamte Bewegung des Systems nur in einem von ihnen verläuft, das andere ist also prinzipiell von der Phasentrajektorie nicht erreichbar. Die für die Physik entscheidende Fragestellung lautet: Sind die jeweils betrachteten mechanischen Systeme metrisch transitiv oder nicht? Die Existenz metrisch transitiver mathematischer Systeme ist erwiesen. Die Möglichkeit der metrischen Transitivität von Systemen der klassischen Mechanik blieb lange Zeit ungeklärt.[17]) SINAI konnte metrische Transitivität erstmalig 1963 für ein physikalisch sinnvolles Modell nachweisen. Es handelt sich um Billardkugeln in einem speziellen Gefäß, die elastische Stöße erleiden, zwischen den Stößen aber nicht miteinander wechselwirken. Es ist dies ein Modell des idealen Gases. Mittlerweile scheint also die Frage der metrischen Transitivität von physikalischen Systemen zum mathematischen Problem geworden zu sein. Das Beweisverfahren Sinais ist allerdings nicht mehr anwendbar, wenn man Wechselwirkung zwischen den Stößen zuläßt.

Nach dem gegenwärtigen Stand der mathematischen Grundlagenforschung ist zumindest nicht auszuschließen, daß die in der statistischen Physik betrachteten mechanischen Systeme metrisch transitiv sind. Das hieße, daß man sich der Ergodenhypothese in der statistischen Mechanik, die die Bewegungsgleichung der klassischen Mechanik zugrunde legt, zu Recht bedient.

Man sollte annehmen dürfen, daß metrische Transitivität und mithin Ergodizität für alle betrachteten mechanischen Systeme nachweisbar ist. Andernfalls wäre der gegenteilige Beweis ein Hinweis auf die Notwendigkeit eines prinzipiell anderen Aufbaus der statistischen Theorie.[18])

Wäre nun mit dem Nachweis metrischer Transitivität aller in der statistischen Theorie beschriebener mechanischer Systeme eine Deduktion der Gesetze der statistischen Thermodynamik aus der klassischen Mechanik erwiesen?

Das kann nicht behauptet werden. Es wäre gezeigt, daß ein Aufbau der statistischen Thermodynamik auf der Basis der dynamischen Bewegungsgleichung der Elemente des mechanischen Systems möglich ist. Man könnte prinzipiell im Rahmen des Determinationstyps I verbleiben. Die zusätzlichen Annahmen (Vollständigkeit des Satzes makrophysikalischer Meßgrößen und Erreichbarkeit des thermodynamischen Gleichgewichts) wären damit jedoch nicht beseitigt, so daß die statistische Thermodynamik weiterhin als eigenständige Theorie eines von dem der klassischen Mechanik verschiedenen Objektbereiches anzusehen bliebe. Der Gültigkeitsbereich der Theorie läge innerhalb jenes der klassischen Mechanik, wäre aber noch durch Bedingungen eingeengt, die über die Mechanik hinausgehen.

Untersuchen wir nun das 3. Problem des Aufbaus der statistischen Thermodynamik. Damit begeben wir uns in das Gebiet der Nichtgleichgewichtsprozesse[19]) und sprechen ebenso wie bei der Behandlung der Ergodenhypothese Fragen an, die für die gesamte statistische Physik von Bedeutung sind.

4.1.2. Nichtgleichgewichtsprozesse

Die Existenz eines thermodynamischen Gleichgewichtszustandes aus der Mechanik zu deduzieren reicht nicht aus, um die statistische Thermodynamik auf der Basis der klassischen Mechanik zu begründen. Es ist der Nachweis für die Erreichbarkeit dieses Zustandes aus einem beliebigen anderen zu erbringen.

Aus der Erfahrung weiß man, daß abgeschlossene makrophysikalische Systeme über eine bestimmte Zeit (Relaxationszeit) ihrem Gleichgewichtszustand zustreben. Dieser ist dadurch ausgezeichnet, daß die Fluktuationen eines beliebigen Untersystems zu verschiedenen Zeitpunkten dem Fluktuationsgesetz unterliegen, das aus der Dichteverteilung der entsprechenden Gibbsschen Gesamtheit folgt.

Der Gleichgewichtszustand wird also durch gesetzmäßig erfaßte Eigenschaften der Fluktuationen aller meßbaren Größen ausgezeichnet.

Diese Zustandscharakterisierung des Gleichgewichts bedeutet eine an der Mechanik gemessen höhere Stufe der Erkenntnis. Während die klassische Mechanik von den beobachtbaren Fluktuationen aller Meßgrößen absieht, bilden sie hier ein konstituierendes Element der Theorie. Nichtspezifische Wirkungsbedingungen der Gesetze des niederen Strukturniveaus werden auf dem höheren Strukturniveau zu spezifischen Wirkungsbedingungen. Sie werden auf der makrophysikalischen Ebene als nichteliminierbar behandelt. Inwiefern man bereit ist bzw. gezwungen wird, diese Erkenntnis auf die mikrophysikalische Ebene zu übertragen, davon hängt im wesentlichen der Aufbau der Grundlagen einer statistischen Theorie ab.

Fluktuationen gehören also zu den wesentlichen Charakteristika des makrophysikalischen Zustandes (Notwendigkeit setzt sich vermittelt über die individuellen Schwankungen, also im Zufall durch — Fluktuationsgesetz). Andererseits werden diese Fluktuationen auf der Ebene der klassisch-mechanischen Bewegungsauffassung von Einzelteilchen als eliminierbar angesehen (Zufall wird in Form der Notwendigkeit durch unberücksichtige Störfaktoren in die Theorie eingebracht). In beiden objektiv verschiedenen Strukturniveaus gestaltet sich die Dialektik von Möglichkeit und Wirklichkeit anders. Auf der Ebene der klassischen Einzelobjekte geht man davon aus, daß die Theorie eine Möglichkeit beschreibt, die sich notwendig verwirklicht, während die Theorie des Gesamtsystems viele mikrophysikalische Möglichkeiten berücksichtigt. Aus der Reihe gesetzmäßig verbundener makrophysikalischer Möglichkeiten wird hier eine Möglichkeit notwendig verwirklicht.

Will man diesen Unterschied aus physikalischen Gründen überwinden, so gibt es verschiedene Varianten de mikrophysikalischen Beschreibung. Die Bewegungskonzeption der Quantenmechanik nach Heisenberg legt nahe, den Bahnbegriff aufzugeben, während die Bewegungsauffassung der Feynmanschen Quantenmechanik andeutet, daß nicht unbedingt auf den Bahnbegriff verzichtet werden muß. Vielmehr müßte man sich von der Voraussetzung trennen, nur eine Bahn dynamisch erfassen zu wollen. Bahnen müssen als statistische Gesamtheit aller physikalisch möglichen Bahnen in die Theorie eingehen. Dabei wird „physikalisch möglich“ über analytische Eigenschaften der in Frage kommenden Funktionen ausgedrückt und ist Abbildung materieller Raum-Zeit-Verhältnisse. Es kann sich auch für eine so begründete statistische Mechanik erweisen, daß die mathematischen Konstruktionen bei der Berücksichtigung aller möglicher Bahnen derart kompliziert werden, daß deshalb der Bahnbegriff aufzugeben ist. Die stetigen, nirgends differenzierbaren Funktionen rücken das zumindest in den Bereich des theoretisch Möglichen. Komplikationen erwachsen wissenschaftlichen Theorien nicht dadurch, daß sie über mögliche Verhaltensweisen wirkliche abbilden, sondern vielmehr dadurch, daß sich die Möglichkeiten nicht unmittelbar in der Wirklichkeit vorfinden lassen.[20])

Gefragt ist, inwiefern Relaxationseigenschaften der thermodynamischen Systeme aus den Eigenschaften der klassisch-mechanischen Systeme begründbar sind.

N. S. Krylov hat dieses Problem mit der Betrachtung stochastischer Modelle in Angriff genommen. Er untersuchte, ob stochastische Prozesse (Determinationstyp II) Zustandsfolgen imitieren können, die durch eine dynamische Bewegungsgleichung bestimmt sind (Determinationstyp I). Er kam zu einem negativen Resultat, aus dem er schloß: „Die Gesetze der statistischen Physik, insbesondere der klassischen Statistik, können keinesfalls auf der Basis der klassischen Mechanik entworfen werden“ [Krylov, 133]. Nach seiner Auffassung läßt sich der Wahrscheinlichkeitsbegriff nicht widerspruchsfrei einführen.[21])

Mises hatte das Problem umgangen, indem er jede physikalische Messung als potentielles Kollektiv seiner Wahrscheinlichkeitskonzeption ansah, ohne zu klären, inwiefern die Regellosigkeit beobachtbarer Zustandsfolgen mit der von der traditionellen klassisch-mechanischen Bewegungsauffassung geforderten eindeutigen Determination zusammenhängt [Mises, 1931]. Der Nachweis, daß eine solche Imitation nicht möglich ist, veranlaßte N. S. Krylov allerdings keinesfalls, in der statistischen Physik die dynamische Bewegungsgleichung etwa auszuschließen oder bestimmte quantitative Schlußfolgerungen nicht mehr zu benutzen. Die genannte Schlußfolgerung war lediglich Anlaß zu konstatieren, daß die statistische Thermodynamik nicht aus der klassischen Mechanik begründbar sei, also eine prinzipiell eigenständige Theorie darstelle. Eine andere Formulierung dieser Theorie hat er nicht versucht. Im Gegenteil, er war bemüht, aus den mechanischen Eigenschaften eines Systems Klarheit über die Bedingungen der Anwendbarkeit statistischer Gesetze zu gewinnen.

N. S. KRYLOV sah bei der Diskussion der Begründungsproblematik der statistischen Thermodynamik eine Möglichkeit, die auftauchenden Widersprüche zwischen der dynamischen Bewegungskonzeption des Einzelteilchens und den statistischen Gesetzen auf der Makroebene zu vermeiden, in einer der quantenmechanischen Komplementarität verwandten Beziehung zwischen mikrophysikalischer und makrophysikalischer Beschreibungsweise, die heute teilweise in informationstheoretischen Ansätzen beachtet wird. Im Vorwort zu seiner Arbeit schreiben A. B. MIGDAL und W. A. FOCK: „Man kann annehmen, daß zwischen der makroskopischen Charakteristik und der gewöhnlichen mikroskopischen Beschreibung eine besondere Art von Komplementarität existiert, analog jener, die bei der klassischen Beschreibung in Übereinstimmung mit der Quantenmechanik auftaucht. Eine zu detaillierte Präzisierung der Lage des Systems innerhalb eines Phasengebietes, das vom makroskopischen Zustand festgelegt wird, ist ohne Störung der makroskopischen Charakteristik des Systems nicht möglich“ [KRYLOV, 8].

Ähnliche Gedanken finden sich bei BOHR (vgl. HEISENBERG, 1969, 147ff.]). Für ihn war der Gedanke der Komplementarität, den er als zentralen Zug der Naturbeschreibung empfand, schon immer in der GIBBSschen Fassung der statistischen Thermodynamik enthalten. Er fiel lediglich wegen der betrachteten Makroobjekte für viele nicht besonders ins Auge. Deshalb war auch EINSTEIN geneigt, statistische Eigenschaften wegen der Unmöglichkeit genauer Ortsbestimmung und Impuls in einem makrophysikalisch großen System zu akzeptieren, in der Quantenmechanik nicht aber als prinzipielle Eigenschaft materieller Objekte anzusehen.

N. S. Krylov gelang es mit stochastischen Modellen, experimentell überprüfbare Relaxationszeiten mit wesentlich größerer Genauigkeit zu bestimmen, als das vor ihm möglich war. Er wies nach, daß Ergodizität eines Systems noch nicht dessen Relaxation garantiert. Folglich reicht der Nachweis der Ergodizität nicht für einen Begründungsversuch der statistischen Thermodynamik aus. Es ist zu fordern, daß die Phasenpunkte eines makrophysikalisch gegebenen Anfangszustandes (Gebiet im Phasenraum) sich für gegen unendlich gehende Zeiten gleichmäßig über die gesamte Oberfläche der eindeutigen Bewegungsintegrale des zugänglichen Phasenraumes verteilen. Diese mit Phasenmischung bezeichnete Eigenschaft der mechanischen Systeme ist notwendig und hinreichend für die Relaxation. Wenn ein System über eine derartige Eigenschaft verfügt, dann ist es auch ergodisch. Ergodizität ist eine schwächere Forderung als Phasenmischung.

Für eine konsequente „Begründung" der statistischen Thermodynamik ist zu fordern, daß alle betrachteten mechanischen Systeme über diese, die Relaxation garantierende Eigenschaft verfügen, die man deduktiv aus den mechanischen Eigenschaften des betrachteten Systems zu erhalten hat.

Ein solcher Nachweis existiert bislang nicht. Außerdem lassen sich weder Zahl noch Art des vollständigen Satzes thermodynamischer Zustandsgrößen aus der Mechanik erhalten. Das physikalische Programm des mechanischen Materialismus ist für die Thermodynamik ebensowenig wie für die Elektrodynamik erfüllt. Der Frage nach der Möglichkeit der Beibehaltung des Determinationstyps I auch für statistische Gesetze wenden wir uns in 4.3. zu. Jetzt soll stellvertretend für andere Verfahren der statistischen Nichtgleichgewichtstheorie auf einige Probleme bei der Herleitung von kinetischen Gleichungen bzw. den allgemeineren master-equations aus den mikrophysikalischen Bewegungsgleichungen und einigen Zusatzannahmen eingegangen werden. Es handelt sich dabei um ein Verfahren, in dem vom Determinationstyp I der klassischen Mechanik ausgegangen wird. Die Zusatzbedingungen führen dazu, daß die erhaltenen statistischen Gesetze mathematisch dem Determinationstyp II unterliegen. CHESTER bemerkt: „Die Ablösung der Wahrscheinlichkeitsvorstellung durch genaue dynamische Beziehungen ist eine der Hauptaufgaben der meisten in dieser Übersicht betrachteten Theorien" [CHESTER, 17].

Damit wird die Illusion geweckt, es ginge generell um eine Reduktion statistischer Gesetze auf dynamische. Das ist aber in all diesen Arbeiten nicht der Fall. Es kommt, wie sich in 4.3. zeigen wird, zu einer Aufwertung der im Determinationstyp I enthaltenen Möglichkeiten.

Wir wollen hier von der Arbeit N. N. BOGOLJUBOVS „Probleme der dynamischen Theorie in der statistischen Physik" (1946) ausgehen.

Es soll die Bewegungsgleichung der klassischen Mechanik gelten. Betrachten wir ein System, bestehend aus N Teilchen, in einem Volumen V, das thermisch isoliert ist.[22]) Die Bewegungsgleichung dieses Systems läßt sich in Operatorschreibweise einfach ausdrücken:

$$\frac{\partial D_N (x_1, x_2, \ldots, x_N, t)}{\partial t} = -L_N D_N \,. \tag{10}$$

In den LIOUVILLE-Operator des Systems L_N gehen die intermolekularen Wechselwirkungen ein, die in der Regel nicht genau bekannt sind, für die es eine Reihe von Näherungen gibt, welche sich quantenmechanisch begründen lassen.

Entsprechend der GIBBSschen Ensembletheorie wählt jede makrophysikalische Charakterisierung des realen Systems ein Gebiet im Phasenraum aus, in dem die statistische Gesamtheit virtueller Systeme mit der Verteilung $D_n(x_1, \ldots, x_N, t)$ beschrieben ist. Somit sind bereits alle Forderungen für die Wahrscheinlichkeitsfunktion der statistischen Theorie unterstellt.

Vom Standpunkt der Mikromechanik[23]) enthält die Funktion $D_N(x_1, \ldots, x_N, t)$ sämtliche Informationen über das reale System. Alles, was man über das System sagen kann, ist in Gleichung (10), der Bewegungsgleichung eines Vielteilchensystems (LIOUVILLEsche Gleichung), ausgedrückt. Vollständige Kenntnis des Anfangswertes für D_N zieht vollständige Kenntnis aller anderen Zustände nach sich, wenn man imstande ist, diese Gleichung mit N Variablen und entsprechenden Anfangswerten zu integrieren.

BOGOLJUBOV hat, um von der Betrachtung des Γ-Raumes zu einem Raum geringerer Dimension übergehen zu können und trotzdem nicht an die intuitiven Verfahren BOLTZMANNS[24]) gebunden zu sein, durch Integration der N-Teilchenfunktion s-Teilchenfunktionen oder Korrelationsfunktionen s-ter Ordnung eingeführt:

$$F_s(x_1, \ldots, x_s; t) = V^s \int \ldots \int D_N(x_1, \ldots x_N, t) \, \mathrm{d}x_{s+1} \ldots \mathrm{d}x_N. \tag{11}$$

Diese Verteilungsfunktionen geben die Aufenthaltswahrscheinlichkeiten von s-Teilchen bei beliebigen Zuständen der übrigen N-s an.

Integriert man die LIOUVILLEsche Gleichung und führt nach (11) s-Teilchenfunktionen ein, so erhält man im thermodynamischen Grenzfall

$$\begin{matrix} N \to \infty \\ V \to \infty \end{matrix} \quad \frac{N}{V} = v = \text{const} \tag{12}$$

ein System von N-Gleichungen

$$\frac{\partial F_s}{\partial t} + L_s F_s = \frac{1}{v} \int \sum_{i=1}^{N} \Theta_{i,\, s+1} F_{s+1}, \tag{13}$$

wobei $s = 1, 2, \ldots, \mathrm{N}$. Der Ausdruck $\Theta_{i,s+1}$ enthält die Wechselwirkungen.

Dieses von BOGOLJUBOV erstmalig 1946 betrachtete System wird in der sowjetischen Literatur als BOGOLJU-

BOVsche Kette bezeichnet. Unabhängig von ihm haben BORN, GREEN, KIRKWOOD und YVON — ebenfalls im Bestreben, die kinetische Gleichung aus der Dynamik zu erhalten — derartige Gleichungssysteme benutzt, die heute als B—B—G—K—Y-Hierarchie in die physikalische Grundlagenliteratur eingegangen sind.

Hier seien einige Besonderheiten dieses interessanten Systems zusammengefaßt:

1. (13) ist ein System von N Gleichungen, das eine mathematische Umformung der dynamischen Bewegungsgleichung im thermodynamischen Grenzfall darstellt (gilt also asymptotisch).

2. In *einer* Integro-Differentialgleichung sind jeweils zwei Korrelationsfunktionen unterschiedlicher Ordnung (F_s und F_{s+1}) verknüpft. Nur die Kenntnis von $F_{s+1}(t_0)$ und $F_s(t)$ ermöglicht die Berechnung von $F_{s+1}(t)$.

3. Im Unterschied zur BOLTZMANNschen Gleichung sind in (13) sämtliche Wechselwirkungen bis einschließlich der aller N gleichzeitig enthalten.

4. Die Wechselwirkungspotentiale gehen explizit in (13) ein.

Es liegt also ein System von Bewegungsgleichungen für statistische Verteilungsfunktionen vor, dessen Lösung genauso utopisch ist, wie die der Ausgangsgleichung.

Es geht darum, dieses Gleichungssystem wenigstens näherungsweise zu lösen und zu zeigen, unter welchen Bedingungen die entsprechenden Näherungen möglich sind. Die vollständige Lösung (Bestimmung aller N Korrelationsfunktionen unterschiedlicher Ordnung) wäre identisch mit der Bestimmung von $D_N(x_1, \ldots, x_N, t)$, die natürlich im Gleichgewichtsfall mit der bekannten kanonischen Verteilung zusammenfallen müßte.

Es muß ein Verfahren gefunden werden, mit dem die Lösungen des Nichtgleichgewichtszustandes, der Bewegung auf den Gleichgewichtszustand hin, beschrieben werden kann. Dabei hat man die mikrophysikalische Beschreibung, die hier als vollständige angesehen wird, auf eine ärmere zu reduzieren.

In der statistischen Thermodynamik des Gleichgewichts ist die weitere Reduktion der Beschreibung nicht ohne zusätzliche Annahme möglich. Das ist auch hier der Fall.

Bogoljubov setzte voraus:[25])

1. Im betrachteten System, das zum Zeitpunkt $t = 0$ stark vom Gleichgewicht abweicht, existieren mindestens drei charakteristische Zeiten, die sich merklich voneinander unterscheiden. Es sind dies die Zeitdauer eines Stoßes τ, die Zeit zwischen zwei Stößen t_0 und die makroskopische Relaxationszeit T. Es gelte dabei immer die Beziehung

$$\tau \ll t_0 \ll T \tag{14}$$

2. Für Zeiten $t \gg \tau$ (kinetische Etappe) wird, wie auch immer der Anfangszustand für F_s sei, die Zeitabhängigkeit von F_{s+1} $(s > 1)$ durch F_1 ausgedrückt.

3. Für Zeiten $t \gg t_0$ (hydrodynamische Etappe) hängt F_1 (bei beliebigen Anfangs*zuständen*) nur von der mittleren Dichte der Teilchenzahl $\overline{n(x, t)}$, der mittleren Dichte der Geschwindigkeit $\overline{\boldsymbol{u}(x, t)}$ und der mittleren Dichte der kinetischen Energie $\overline{E(x, t)}$ ab.[26])

$$F_1(x_1, t) = F_1(x\bar{n}, \bar{\boldsymbol{u}}, \bar{E}). \tag{15}$$

4. Die Impulse von s Teilchen waren in der fernen Vergangenheit (wegen der Abstoßungskräfte heißt das in großen räumlichen Entfernungen) unabhängig, so daß F_s ein Produkt von $s \cdot F_1$ ist.

Entsprechend den klar unterschiedenen Zeitintervallen wird sich der Charakter des Prozesses von $t = 0$ bis zur Einstellung des Gleichgewichtes wesentlich ändern. Das kommt in den Annahmen 2 und 3 zum Ausdruck.

Annahme 4 ist keineswegs offensichtlich. Würde man die Unabhängigkeit der Impulse für die Zukunft voraussetzen, so ergäbe sich eine kinetische Gleichung aus der ein umgekehrtes H-Theorem folgt. Es handelt sich also um eine Bedingung, die die retardierte Lösung auswählt. Somit wird die makrophysikalisch beobachtbare Irreversibilität eingeführt.

Mit diesen 4 Annahmen lassen sich sehr allgemeine kinetische Gleichungen, also statistische Bewegungsgesetze makrophysikalischer Systeme herleiten.[27]) Die Berechtigung der Annahmen ist zu den spezifischen Wirkungsbedingungen dieses Gesetzes zu zählen, obwohl die Annahmen selbst den erhaltenen Gleichungen nicht mehr zu entnehmen sind.

Für beliebige Zeiten gilt die BOGOLJUBOVsche Kette. Während im Anfangsstadium $t < \tau$ alle $F_s(x_1, \ldots, x_s, t)$ für $s \geq 2$ schnellen Änderungen unterworfen sind, die stark von der unbekannten Anfangssituation abhängig sind, wird sich nur $F_1(x, t)$ langsam ändern, weil es nicht unmittelbar vom Abstoßungspotential abhängt. Dieses Zeitintervall entspricht der Etappe, die in der BOLTZMANN-Gleichung herausfällt. Dort allerdings ist in keiner Weise eine zeitliche Beschränkung zu sehen. Im Gegenteil, die Annahme der Differenzierbarkeit der Verteilungsfunktion nach der Zeit setzt stillschweigend voraus, daß beliebig kleine Zeitintervalle zugelassen sind, auch wenn sie keiner experimentellen Beobachtung unterworfen werden können. P. und T. EHRENFEST hatten schon darauf hingewiesen, daß die BOLTZMANN-Gleichung eine Beziehung für die grobe Dichteverteilung ist, für die die anfängliche Chaotisierung wegfällt.

Für Zeiten $t \gg \tau$ gelingt es infolge der zweiten Eigenschaft einen in sich geschlossenen Apparat zur Bestimmung von F_1 zu erhalten. Eine Zeitskala, die Zeitintervalle $\Delta t \lesssim \tau$ berücksichtigt, ist dann nicht nur überflüssig, sondern streng genommen physikalisch sinnlos.

Der Übergang zur eigentlichen makrophysikalischen Beschreibung erfolgt hingegen erst auf der Etappe

$t \gg t_0$. Nach dieser Zeit ist die mikrophysikalische Beschreibung über die Chaotisierung der kinetischen Etappe auf die makrophysikalisch beobachtbare Ebene reduzierbar. Die thermodynamischen und hydrodynamischen Beziehungen ergeben sich zwanglos[28]). Zeitintervalle für $\Delta t \lesssim t_0$ sind physikalisch sinnlos.

Nach Uhlenbeck existiert möglicherweise ein weiteres Stadium, das der Turbulenz, für das aus den hydrodynamischen Gleichungen über eine ähnliche, zeitlich unterschiedene Intervalle voraussetzende Methode eine konsistente Theorie formulierbar ist [Uhlenbeck, 1963, 243].

Bei der Herleitung der entsprechenden quantenstatistischen Gleichungen hat van Hoove auch von zeitlich unterschiedenen Intervallen Gebrauch gemacht [Kac, 1965, 244].

Es wird angenommen, daß die etappenweise Reduktion der Beschreibungsverfahren ein charakteristisches Merkmal der Theorie aller irreversiblen Prozesse ist, deren Möglichkeiten bereits in den dynamischen Ausgangsgleichungen vorhanden sein muß [Kac, 1967, 244–245].

Neben der Existenz einer Reihe verschiedener charakteristischer Zeitintervalle (Relaxation) müßte aus den Ausgangsgleichungen folgen, daß die Lösungen für praktisch alle Fälle von Anfangsbedingungen stufenweise ergodisches Verhalten aufweisen, d. h. es müßten sogenannte „Verdichtungskurven" existieren, die im Raum einer wesentlich geringeren Variablenzahl von einem entsprechenden Gleichungssystem erfaßt sind. Das Problem der Existenz dieser Verdichtungskurven gehört zur Begründungsproblematik.

Es wurde betont, daß die Hierarchie von Gesetzen (von der mikrophysikalischen Bewegungsgleichung über die kinetischen Gleichungen zu den makrophysikalischen phänomenologischen Bewegungsgleichungen und verschiedenen Verbesserungen, die experimentell noch weitestgehend ungeprüft sind) an die Existenz bestimmter Zeitintervalle in den betrachteten Systemen gebunden ist. Für die Bewegungsgleichung eines jeden Strukturniveaus gibt es nicht zu unterschreitende Zeitintervalle, was bisher nicht daran hindert, mit nach der Zeit differenzierbaren Funktionen zu arbeiten, die bekanntlich unendlich kleine Zeitintervalle prinzipiell nicht ausschließen dürfen. Bislang haben diese mathematischen Abstrakta zu keinen experimentell prüfbaren Konsequenzen geführt, die ihre Berechtigung in Frage stellen. Man kann so etwas aber nicht ausschließen. Mit Differenzengleichungen wird seit langem gearbeitet, ohne daß sich wesentlich andere experimentell prüfbare Schlußfolgerungen ergaben. In dieser Situation sind beide Abstrakta physikalisch gleichberechtigt.

Hier folgt aus der Theorie ein Hinweis auf die empirisch bekannte Tatsache, daß die Meßzeitintervalle prinzipiell nicht gegen Null streben können. Sie dürfen einen bestimmten Wert nicht unterschreiten, soll den Größen physikalischer Sinn zukommen. Die makrophysikalischen Größen sind gemittelte Größen. Trotzdem ist man geneigt, die dynamisch bestimmten mikrophysikalischen Bahnparameter der klassisch-mechanischen Bewegungsauffassung (Determinationstyp I) weiterhin als physikalisch sinnvoll anzusehen.

Seit langem ist klar, daß praktische Messung nie einen gegen Null strebenden Zeitintervall realisieren kann. Die Abstrakta mathematischer Zeitpunkte waren deshalb trotzdem sinnvoll, weil denkmöglich. Sie sind nicht realisierbar, was man aber unserem Unvermögen, derartige Messungen auszuführen, zuschreiben konnte. Wer die mikrophysikalische Beschreibung als die genaue ansieht, bekommt jetzt bewiesen, daß diese Nichtrealisierbarkeit keine Unzulänglichkeit unserer Meßtechnik ist, sondern prinzipieller Natur. Die Meßgrößen spiegeln nur als gemittelte Größen über von Null verschiedene Zeitintervalle objektive Eigenschaften realer Objekte wider (vgl. 2.3.3.).

Daraus ableiten zu wollen, daß die bisherige Auffassung des Zeitbegriffes in der Physik notwendig aufzugeben sei, wäre angesichts der Erfolge, die mit dem so unterstellten Raum und der Zeit (Punktmengen) erzielt wurden, eine allzu weitreichende Schlußfolgerung.

Der Zeitbegriff der Physik ist jedoch nicht identisch mit objektiver Zeit überhaupt. Dasselbe gilt für den Raumbegriff. Die zeitlichen Intervalle, die in die Theorie hier in so charakteristischer Weise eingehen, können ohne weiteres mit bestimmten Längen (über charakteristische Geschwindigkeiten) in Beziehung gebracht werden, so daß klar ist, daß sich die Bewegungsgleichungen verschiedener materieller Strukturniveaus auf unterschiedliche Raum-Zeit-Vorstellungen stützen. Jeder Darstellungsraum für die Bahnen bewegter Objekte ist in Raum-Zeit-Zeilen untergliedert, deren Größe in Abhängigkeit vom betrachteten Strukturniveau bestimmt ist. So drückt sich physikalisch die Einheit von Materie und Bewegung und die von Bewegung, Raum und Zeit aus. Entsprechend unserer philosophischen Hypothese können Materie, Raum und Zeit nicht abstrakt vorausgesetzt werden. Der Physiker ist versucht, den Zeit- und Raumbegriff seiner Theorien als den allgemeinsten aller möglichen anzusehen, was dann dazu führt, daß Zeit und Raum abstrakt unterstellt werden. Damit verfügen sie über eine wahrscheinlich in endlicher Zeit zu erforschende Reihe von Eigenschaften. Das aber scheint nach der bisherigen Wissenschaftsentwicklung unbegründet. Die empirisch feststellbaren Eigenschaften des Raumes und der Zeit werden heute vornehmlich von der Physik erforscht, ohne daß das unbedingt so bleiben muß. — Objektiv unterschiedene Strukturniveaus können die Raum-Zeit-Eigenschaften der Darstellungsräume ihrer möglichen Bewegungsresultate modifizieren.

Anhand der Bogoljubovschen Arbeit wurde gezeigt, daß es gelingt, aus den reversiblen mikrophysikalischen dynamischen Bewegungsgleichungen irreversible statistische Bewegungsgleichungen zu erhalten. Die Begründungsproblematik der statistischen Physik wäre dann gelöst, wenn sämtliche dabei gemachten Annahmen aus den Eigenschaften der zugrundeliegenden dynamischen Systeme deduzierbar wären. Das ist weder im betrachteten Fall gezeigt, noch kann das für allgemeinere Fälle behauptet werden.

Jetzt wollen wir zusammenfassend die charakteristischen Annahmen festhalten. Diese sind keinesfalls an das BOGULJUBOVsche Verfahren allein gebunden. Sie sind vielmehr generelle Eigenschaften des Überganges von der mikrophysikalischen Beschreibung des makrophysikalischen Gesamtsystems mit reversiblen dynamischen Bewegungsgleichungen zu den irreversiblen statistischen Bewegungsgleichungen (vgl. auch [EBELING, 1964]):

1. Alle makrophysikalischen Systeme sind Gesamtheiten einer großen Zahl von Molekülen (Größenordnung 10^{23}), deren Bewegung in erster Näherung durch die klassische Mechanik beschrieben wird. Die genaueren Bewegungsgesetze der Moleküle sind die der Quantenmechanik.

2. Die Reduktion der Beschreibung im $6N$ dimensionalen Phasenraum (klassisch) oder dem HILBERT-Raum des mikrophysikalischen Systems auf die im Raum makrophysikalischer Meßgrößen ist möglich und erfolgt stufenweise. Die Vollständigkeit des Satzes makrophysikalischer Meßgrößen ist eine Annahme, die in Übereinstimmung mit den phänomenologischen Theorien getroffen wird.

3. Die Beschreibungsreduktion ist an die Existenz verschiedener charakteristischer Zeitintervalle des Systems gebunden. Diese sind experimentell beobachtbar, werden aber in die Theorie als Annahme eingeführt, da sie nicht aus den mechanischen Eigenschaften der Systeme folgen.

4. Die makrophysikalisch beobachtbare Irreversibilität wird als Bedingung eingeführt, die die retardierten Lösungen der entsprechenden Gleichungen auszeichnet. Dabei werden spezielle Annahmen über die Art der

Gewinnung des makrophysikalischen Systems aus seiner Umgebung gemacht (in Form bestimmter Anfangsbedingungen und der Bedingungen seiner Isolation).

Wir hatten bisher das Begründungsproblem der statistischen Physik auf der Basis der klassischen Mechanik behandelt. Die einzuführenden Annahmen sind im Falle der Quantenmechanik nicht grundsätzlich anderer Art, sie unterscheiden sich vor allem in ihrer mathematischen Formulierung [EBELING u. a. 1970).

Von der Mikromechanik über zusätzliche Annahmen zu statistischen Gesetzen zu kommen, ist von der von den Physikern jetzt in der Regel eingeschlagene Weg beim Aufbau von Theorien der statistischen Physik. Dabei ergeben sich eine Reihe von ungeklärten Problemen bei der Begründung des Verfahrens. Diese Probleme behindern die Anwendung der Theorie bislang in keiner Weise, weil alle einzuführenden Annahmen experimentell nahegelegt zu sein scheinen. Insofern ist die Situation der der klassischen Mechanik vor Entstehung der Quantenmechanik analog. Damals schien die Bewegungsauffassung der klassischen Mechanik die einzigmögliche. Inzwischen sind eine Reihe ihr zugrundeliegender Annahmen aufgeklärt. Es hat sich gezeigt, daß die traditionelle Bewegungsauffassung der klassischen Mechanik nicht die einzigmögliche innerhalb des durch die empirischen Befunde eingrenzbaren Gültigkeitsbereichs dieser Theorie ist (vgl. 2.3.). Das ist der Grund für die Frage, ob auch die Bewegungsauffassung nach BORN der klassischen statistischen Physik zugrunde gelegt werden kann. Dabei ist weiter zu fragen, ob es berechtigt ist, von der Mikromechanik in der bekannten Form auszugehen oder ob man die Begründungsproblematik der statistischen Physik nicht dadurch umkehren kann, daß versucht wird, eine statistische Theorie zu schaffen, die unter bestimmten Bedingungen die bislang zugrundegelegte Mikromechanik liefert.

4.2. Umkehr der Begründungsproblematik

Der bisher betrachteten Begründung statistischer Bewegungsgesetze lag eine Systemkonzeption zugrunde, nach der die Gesetze der Elemente des betrachteten Systems (mikrophysikalische Teilchengesamtheit) die Gesetze des Systems (makrophysikalische Gesamtheit mikrophysikalischer Teilchen) bestimmen (Systemkonzeption I). Es war vorausgesetzt, daß die Bewegungsgesetze relativ isolierter Einzelobjekte (NEWTONsches Bewegungsgesetz in der klassisch-mechanischen Näherung oder SCHRÖDINGER-Gleichung im allgemeineren Fall) im System vieler Teilchen uneingeschränkt gelten und die Bewegungsgesetze des Gesamtsystems bestimmen. Die bei der Herleitung dieser Systemgesetze zu machenden Annahmen galt es mikrophysikalisch zu begründen.

Dies ist eine Möglichkeit für den Aufbau der statistischen Physik, die in Kenntnis der Wissenschaftsgeschichte heute vielen selbstverständlich erscheint. Es ist zu fragen, ob sie aber aus den Eigenschaften der Objekte selbst folgt. Das ist keineswegs offensichtlich und die Tatsache, daß Versuche aus der gegenteiligen Systemkonzeption (Systemkonzeption II), zu einem konsistenten Aufbau der statistischen Physik zu kommen, bislang nur wenig diskutiert werden, ist kein Zeichen für deren notwendige Fruchtlosigkeit. Heute sollte nicht ausgeschlossen werden, daß auch in der statistischen Physik jene Systemkonzeption zum Tragen kommen kann, nach der die Gesetze des Gesamtsystems maßgeblich die seiner Elemente bestimmen und nach der aus den Eigenschaften der einzelnen Elemente nicht auf die des Gesamtsystems geschlossen werden darf. Darauf deutet der gegenwärtige Zustand des Begründungsproblems hin. Allerdings kann das nicht als Beweis für die Notwendigkeit eines anderen Aufbaus der statistischen Physik gelten. Bisher scheint die relative Eigenständigkeit zweier von der statistischen Physik abgebildeter objektiver materieller Strukturniveaus hinreichend begründet. Da hier davon ausgegangen wird, die objektiven Zusammenhänge nicht mit den Strukturen mathematisierter wissenschaftlicher Theorien zu identifizieren, scheint es notwendig, die Berechtigung zweier mathematischer Systemkonzeptionen bei der Abbildung dieses Bereiches zu betonen und eben das als einen Hinweis auf objektive Naturdialektik zu verstehen (vgl. 2.3.). Gegenwärtig wird in der physikalischen Literatur fast ausschließlich auf die Berechtigung der Systemkonzeption I eingegangen und dabei das Primat dynamischer Gesetze auf der Basis des Determinationstyps I behauptet. Deshalb scheint es besonders wichtig, die Berechtigung der Systemkonzeption II und des Determinationstyps II zu betonen. Ob damit eine Erweiterung des Gültigkeitsbereiches der statistischen Physik möglich ist, kann nur die physikalische Forschung klären. Aus philosophischer Sicht muß deutlich werden, daß das Primat dynamischer Gesetze jetzt nicht durch das Primat statistischer Gesetze zu ersetzen ist und die zunehmende Bedeutung des Determinationstyps II eine philosophische Hypothese darstellt, die durch die bisherige Entwicklung der statistischen Physik nahegelegt zu werden scheint.

Wir wollen einen konkreten Versuch zur Umkehr der Begründungsproblematik der statistischen Physik erwähnen. Dabei ist hervorzuheben, daß es in diesem Zusammenhang nicht um die Spezifik dieses Ansatzes geht. Er gilt vielmehr ausschließlich zur Demonstration solcher Möglichkeit. Ihre physikalisch erfolgreiche Verwirklichung kann u. U. eine ganz andere Gestalt annehmen.

A. A. Vlasov geht in seiner Konzeption der statistischen Physik davon aus, daß die zu betrachtende makrophysikalische Teilchengesamtheit von N Teilchen durch eine Wahrscheinlichkeitsverteilung möglicher mikrophysikalischer Charakteristika gegeben ist und einem bestimmten Bewegungsgesetz unterliegt (Erhaltung der Wahrscheinlichkeitsdichte). Die traditionell klassisch-mechanische Bewegungsauffassung ist aufgegeben, die Teilchen verfügen über wahrscheinlichkeitstheoretisch bestimmbare mögliche geometrische Größen $\boldsymbol{r}, \dot{\boldsymbol{r}}, \ddot{\boldsymbol{r}}, \dddot{\boldsymbol{r}}, \ldots$ Unbestimmtheit in Koordinate, Impuls u. a. klassischen Mikrocharakteristika kommt den Objekten des Systems selbst zu. Es gibt keine scharfen Meßgrößen als Grundannahme der Theorie, es gibt die Möglichkeit solcher Größen unter bestimmten Bedingungen. In diesem Zusammenhang ist eine Bemerkung von H. WEYL interessant, der feststellte: „Vielleicht haben gerade Raum und Zeit ... für die Physik lediglich die Bedeutung eines Wahrscheinlichkeitsfeldes“ [WEYL, 258].

Eine derartige Auffassung kann nur dann mißverstanden werden, wenn man den mathematischen Wahrscheinlichkeitsbegriff ausschließlich als Ausdruck subjektiver Unbestimmtheiten interpretiert. Hier wird der Wahrscheinlichkeitsbegriff als mathematische Größe zur Abbildung objektiver Sachverhalte verstanden, so daß die WEYLsche Vermutung eine Aussage über die mathematische Abbildung objektiver Raum-Zeit-Eigenschaften darstellt.

Damit in Verbindung zu bringende ontologische Thesen, nach der Raum und Zeit mathematische Wahrscheinlichkeitsfelder sind, werden auf Grund der philosophischen Ausgangshypothese zurückgewiesen. Das ist aber gegenüber der in der traditionellen klassisch-mechanischen Bewegungsauffassung enthaltenen Theorie des Raumes nichts Neues und wurde schon von HEGEL richtig gesehen: „Von Raumpunkten zu sprechen als ob sie das positive Element des Raumes ausmachten, ist unstatthaft“ [HEGEL, Enzyklopädie, 207]. Es kann sich in der Tat zeigen, daß mit den Mitteln der Wahrscheinlichkeitstheorie wesentlich allgemeinere Eigenschaften von Raum und Zeit mathematisch abbildbar werden als das auf der Basis des Determinationstyps I möglich war.

In der VLASOVschen Konzeption der statistischen Physik ist ein System von N Teilchen durch seine wahrscheinlichkeitstheoretische Verteilungsfunktion geometrisch möglicher Ortskoordinaten, geometrisch möglicher Geschwindigkeiten, Beschleunigungen und höherer Ableitungen der möglichen Bahnkurven nach der Zeit bestimmt

$$f(\boldsymbol{r}, \dot{\boldsymbol{r}}, \ddot{\boldsymbol{r}}, \ldots, t)$$

Eine Berufung auf die mechanischen Bewegungszustände, für deren Charakteristik Ort und Geschwindigkeit ausreichend wären, ist hier nicht mehr erlaubt, weil die klassisch-mechanische Bewegungsgleichung nicht vorausgesetzt werden soll.

Die Theorie macht also einen nichtlokalen Ansatz, in dem nicht mehr von scharfen Orten, Geschwindigkeiten usw. ausgegangen wird (vgl. 2.3.). So kann WEYLS Vermutung zum physikalischen Ansatz werden. Physikalisch meßbare Makrogrößen sind durch Funktionale bestimmt, in die die Verteilungsfunktionen eingehen. Die Theorie wird als prinzipiell statistische konzipiert, aus der die Möglichkeit des Überganges zur traditionellen klassisch-mechanischen Bewegungsauffassung zu zeigen ist. Das Verhältnis von klassischer Mechanik und statistischer Mechanik wird also umgekehrt. Die klassisch-mechanische Bewegungsgleichung müßte aus den primär statistischen Bewegungsgleichungen unter bestimmten zu erforschenden Bedingungen folgen.

Es wird demnach die Vorstellung aufgegeben, daß die N Teilchen eines betrachteten thermodynamischen Systems über eine dynamische Bewegungsgleichung verfügen, die prinzipiell imstande wäre, die Bewegung eines Teilchens im Felde der übrigen $N-I$ entsprechend der klassisch-mechanischen Bewegungsauffassung zu beschreiben. Dieses System ist nur in seinem Ganzheitsaspekt physikalisch charakterisierbar, besteht aber weiterhin aus N Teilchen.

Die Konzeption der statistischen Physik nach VLASOV stellt eine Denkmöglichkeit dar, die den Zusammenhang des mikrophysikalischen und makrophysikalischen Strukturniveaus gegenüber der bisher üblichen Theorie umkehrt. Andere Möglichkeiten sind denkbar. Bislang ist nicht gezeigt, daß der Gültigkeitsbereich derartiger Konzeptionen größer ist als der des traditionellen Aufbaus der statistischen Physik. Dazu müßten Phänomene gefunden werden, die nur mit einer derartigen Theorie erklärbar sind, im Rahmen der traditionellen Theorie jedoch unverständlich bleiben.

Die Existenzberechtigung solcher Theorien allerdings hängt nicht von diesen Nachweisen ab. Sie haben Berechtigung, wenn sie im Rahmen ihres eigenen Gültigkeitsbereiches nicht zu Widersprüchen zwischen Meßdaten und theoretischen Voraussagen führen.

Die Möglichkeit mathematisch verschiedener physikalischer Theorien in einem Objektbereich ist wiederum als Hinweis auf die Berechtigung der philosophischen Hypothese zu werten, nach dem die Zusammenhänge der objektiven Realität nicht mit Strukturen mathematischer Theorien zu identifizieren sind, aber mittels mathematischer Strukturen abbildbar sind. Sowohl die Betrachtungen zur klassisch-mechanischen als auch zur statistischen Bewegungsauffassung haben zu dem Hinweis geführt, daß sich objektive Naturdialektik in einander widersprechenden Grundannahmen mathematisch verschiedener aber physikalisch äquivalenter Theorien zeigen kann.

4.3. Statistische Gesetze in dynamischen Systemen

Nachdem die prinzipielle Möglichkeit der Umkehr des Begründungsproblems der statistischen Physik deutlich geworden ist, wollen wir uns jetzt einigen Problemen der Entwicklung der statistischen Physik in ihrer traditionellen Form zuwenden. Man versucht dort gegenwärtig ein Programm zu erfüllen, dessen erklärtes Ziel darin besteht, die statistischen Gesetze der Thermodynamik, der Hydrodynamik und anderer makrophysikalischer Disziplinen auf der Basis der dynamischen Bewegungsgleichung eines Vielteilchensystems und weniger Zusatzannahmen zu entwickeln, ohne auf die statistischen Gesetze zu verzichten, die in diesen Bereichen eine höhere Erkenntnisstufe als die dynamischen Gesetze der phänomenologischen Theorien darstellen. In ihnen sind Zusammenhänge abgebildet, die in den dynamischen Gesetzen der wissenschaftlichen Forschung unzugänglich bleiben. In dynamischen Systemen (Determinationstyp I) existieren aber unter wohlformulierten Bedingungen statistische Eigenschaften, es gelten statistische Gesetze. Im erörterten Fall der Vielteilchenmechanik ist das dann der Fall, wenn die in 4.2.2. genannten Annahmen berechtigt sind. Sie stellen also die Bedingungen dar, unter denen im betrachteten dynamischen System statistische Gesetze wirken. Sie sind aber — wie bereits betont — keinesfalls selbstverständliche Folgen der Eigenschaften des dynamischen Systems selbst. Es gibt jedoch auch Fälle, in denen man auf statistische Gesetze in dynamischen Systemen ohne Zusatzannahmen stößt. Dabei handelt es sich immer um nichtlineare dynamische Systeme.

In der Theorie nichtlinearer Schwingungen sind statistische Eigenschaften in dynamischen Systemen seit langem bekannt. Nicht unwesentlich ist, daß das nicht nur für Vielteilchensysteme gilt. Statistische Eigenschaften können sich auch im Zeitverhalten eines betrachteten Objektes einstellen (stochastische Prozesse).

Von vielen Theoretikern wird in speziellen Typen der Instabilität nichtlinearer Schwingungen[29]) ein Entstehungsmechanismus für statistische Gesetze in dynamischen Systemen gesehen [Anosov, Sinai, Zaslawski, Čirikov]. Die Theorie nichtlinearer Schwingungen ist von fundamentaler Bedeutung für die Erörterung des Zusammenhangs dynamischer und statistischer Gesetze, die die Diskussion zum Determinismus in der Physik nach wie vor beherrscht.

Im Rahmen der mathematischen Ergodentheorie waren Hedlund und Hopf über die Statistik geodätischer

Linien auf den Zusammenhang von Instabilitäten nichtlinearer dynamischer Systeme und deren statistische Eigenschaften aufmerksam geworden. KRYLOV stellte eine Analogie zwischen der Bewegung von Teilchen entlang der geodätischen Linien im RIEMANNschen Raum negativer Krümmung und dem klassischen Gasmodell her. Die von ihm für die Existenz der Gesetze der statistischen Thermodynamik als notwendig erkannte Forderung (Phasenmischung) konnte er so als Bedingung an die Metrik des entsprechenden RIEMANNschen Raumes berücksichtigen. Die notwendige Existenz einer statistischen Größe (Relaxationszeit) wird über eine Forderung an die Metrik des mikrophysikalischen Darstellungsraumes garantiert.

Das war lange Zeit der einzige Übergriff der mathematischen Ergodentheorie auf die physikalische Theorie. Wegen der für konservative Systeme entscheidenden neutralen Stabilität[30]) steht bis heute eine einheitliche Stabilitätstheorie nichtlinearer Schwingungen in konservativen Systemen aus.[31])

Diese Theorie wird in zwei Richtungen zielstrebig vorangetrieben. Einerseits geht man in der modernen Ergodentheorie von den Zusammenhängen der für nichtlineare Schwingungen charakteristischen statistischen Eigenschaften und den Instabilitäten der dynamischen Bewegung aus und untersucht entsprechend starke Instabilitäten in dynamischen Systemen. Wesentliche Beiträge in dieser Richtung stammen von BIRKHOFF, HOPF, KOLMOGOROV, ANOSOV, ROCHLIN und SINAI. Zum anderen untersucht man maximale Stabilitäten der dynamischen Systeme und konnte so die mangelnde Allgemeinheit der durch POINCARÉ, LJAPUNOV und MANDELSTAM entwickelten Theorie nichtlinearer Schwingungen durch Arbeiten von KOLMOGOROV, ARNOLD und MOSER (KAM-Theorie) beheben.

Beides sind mathematische Forschungsrichtungen, deren Ursprung in der Physik liegt, die heute aber als weitgehend selbständige mathematische Disziplinen betrieben werden.

In beiden Richtungen sind in letzter Zeit entscheidende Fortschritte erzielt worden. Trotzdem befriedigt die Situation in der mathematischen Grundlagenforschung Physiker nicht, weil unklar bleibt, wie die beiden Grenzfälle maximaler Stabilität zur einen und maximaler Instabilität zur anderen zusammenhängen. Der Prozeß des Überganges von stabilen zu instabilen Bewegungen entzieht sich weitestgehend der mathematischen Beschreibung. Es ist dies ein Spezialfall eines Qualitätsumschlages, der momentan außerhalb der existierenden mathematischen Theorie bliebt, in realen Systemen aber beobachtet wird. D. W. Anosov und J. G. Sinai berichten von einer im Rahmen der mathematischen Ergodentheorie gefundenen Bedingung, die in dynamischen Systemen statistische Eigenschaften garantiert. Es handelt sich um die „Y-Bedingung", die als exponentielle Instabilität gekennzeichnet werden kann.[32]) Im Anfangszeitpunkt relativ eng benachbarte Bahnen entfernen sich exponentiell schnell auf beliebige Entfernungen.

„Im Verhalten eines solchen dynamischen Systems wird man statistische Eigenschaften feststellen, wobei für zwei unterschiedene aber sehr eng benachbarte Anfangswerte die entstehenden Bewegungen schnell ihre Ähnlichkeit verlieren und voneinander unabhängig werden" [Anosov, Sinai, 110].

Für Systeme, die der Y-Bedingung genügen, kann man nicht nur Ergodizität erwarten, sondern auch annehmen, daß die Eigenschaft der Phasenmischung erfüllt ist. In der Tat erweist sich, daß derartige Systeme eine positive Kolmogorov-Krylovsche Entropie besitzen, was Phasenmischung garantiert, ergodisch sind und über weitere bemerkenswerte mathematische Eigenschaften verfügen.

Für einige Systeme, die der Y-Bedingung genügen, ist es gelungen, eine Gaußverteilung für die Abweichung zeitlicher Mittel von den räumlichen multipliziert mit $\sqrt{t}$ nachzuweisen. „Das ist wahrscheinlich der erste Fall, daß eine Gaußverteilung in ... Systemen auftaucht, die recht weit von der Wahrscheinlichkeitstheorie entfernt sind" [Anosov, Sinai, 110–111].

Nach Anosov und Sinai führt eine schwächere Instabilität u. U. nicht einmal zur Ergodizität. Inwiefern sich gerade die statistischen Gesetze der Physik aus Instabilitäten eines besonderen Typs in dynamischen Systemen ergeben, bleibt der weiteren physikalischen Forschung vorbehalten. Nach Meinung dieser Autoren handelt es sich dabei um *einen* Mechanismus der Entstehung statistischer Gesetze, der zu wenig beachtet wird.

Die Bogoljubovsche und weiterführende Arbeiten legten die Vermutung nahe, daß die statistischen Gesetze in dynamischen Systemen ausschließlich großen Teilchenzahlen geschuldet sind. Diese Überzeugung trifft man auch außerhalb der Physik. Deshalb ist es besonders interessant, wenn nachgewiesen wird, daß statistische Gesetze selbst bei $N \geq 1$ in nichtlinearen dynamischen Systemen der klassischen Mechanik auftauchen [Hopf; Čirikov, 1969]. Damit steht die Möglichkeit der klassisch-mechanischen Bewegungsauffassung nach Born außer Zweifel, unter bestimmten Bedingungen wird sie sogar notwendig.

Betrachtet man beispielsweise die Bewegung eines Pendels bei Wirkung einer kleinen äußeren Kraft, so lautet die Bewegungsgleichung

$$\ddot{\varphi} + \omega_0^2 \sin \varphi = \varepsilon F(t), \tag{16}$$

wobei

φ — Winkel der Auslenkung aus der Gleichgewichtslage,

ω_0 — Frequenz kleiner Schwingungen,

ε — kleiner Parameter

$$F(t) = \sum_n F_n \cos (n\Omega_0 t). \tag{17}$$

Ω_0 sei viel kleiner als die Anharmonizität $\Delta\omega$, so daß gleichzeitig einige Oberschwingungen der periodischen

Störung in Resonanz sind. Eine exakte Lösung der Bewegungsgleichung ist für $\varepsilon \to 0$ bislang nicht möglich. Das Pendel wird schwingen, als ob es unter dem Einfluß einer Zufallskraft stände. Das haben [Zaslawski, Čirikov, 1971] gezeigt.

Zu diesem verblüffenden Ergebnis haben Simulationen an mathematischen Modellen auf Großrechnern geführt. Es zeigte sich, daß für sehr einfache nichtlineare Modelle auf der Basis des Determinationstyps I die Struktur des jeweiligen Phasenraumes außerordentlich kompliziert ist. Gebiete stabiler Bewegungen wechseln mit Gebieten stochastischer Instabilitäten ab, denen stochastische Bewegungen entsprechen. Diese sind durch folgende Eigenschaften charakterisiert:

1. Ergodizität,
2. Phasenmischung,
3. positive KS-Entropie,
4. stetiges Fourierspektrum der Bewegungen.

Dabei gewährleistet 2. die Relaxation einer beliebigen Verteilung zur Gleichgewichtsverteilung bei $t \to \pm\infty$ (d. h. es ergibt sich eine Relaxation in beiden Zeitrichtungen entsprechend der Reversibilität der Ausgangsgleichung); 3. gewährleistet eine exponentielle Relaxation, 4. ergibt einen aperiodischen, stationären Prozeß [Čirikov, 1969, 1975].

Mit derartigen Arbeiten wurden die Untersuchungen Krylovs fortgesetzt, der erfolglos versucht hatte, stochastische Bewegungen mit Modellen des Determinationstyps I zu simulieren. Es wurde gezeigt, daß solche Simulationen möglich sind. Statistische Gesetze wirken in dynamischen Systemen unter bestimmten Bedingungen, die von den Parametern des Systems und durch die Anfangsbedingungen festgelegt werden. Die Struktur der Gebiete stochastischer Bewegungen, insbesondere der Grenzgebiete zu den stabilen Bewegungen ist außerordentlich kompliziert. Alle Eigenschaften der stochastischen Gebiete gelten im maßtheoretischen Sinn „fast" überall. Das heißt es gibt solche besonderen Anfangsbedingungen innerhalb der stochastischen Gebiete, für die die Bewegungen nicht stochastisch sind. Das Maß dieser besonderen Anfangsbedingungen ist Null. Wenn man aber diesen Mechanismus zur Entstehung statistischer Gesetze in dynamischen Systemen bei der Begründung der statistischen Physik heranziehen will, muß ausgeschlossen sein, daß die makrophysikalische Bestimmung statistischer Gesamtheiten immer genau derartige besondere Anfangsbedingungen auswählt. Damit ist das Problem der Herstellung einer makrophysikalischen Gesamtheit angesprochen. Statistische Gesetze werden entsprechend der Ergodenhypothese durch Beobachtung über unendlich lange Zeit oder durch wiederholte Beobachtung bei identischen makrophysikalischen Bedingungen bestätigt. Durch Festlegung des makrophysikalischen Zustandes wird der mikrophysikalische Zustand keineswegs mitbestimmt. Es muß aber ausgeschlossen werden, daß der mikrophysikalische Zustand so gewählt werden kann, daß makrophysikalische Abweichungen von den statistischen Gesetzen einer großen Teilchengesamtheit möglich sind.

Zu beachten ist, daß unter den Bedingungen stochastischer Instabilitäten lediglich das Weltall als Ganzes ein geschlossenes System darstellt.[33]) Und nur in einem geschlossenen System steht die Frage nach diesen besonderen Anfangswerten. In allen anderen Systemen führen äußere Störungen leicht zu Abweichungen von derartigen Bedingungen. Damit genügt also die Annahme, daß die „Anfangsbedingungen" des Weltalls als Ganzes keine solchen besonderen Bedingungen waren, um Durchbrechungen statistischer Gesetze in großen Systemen auszuschließen. Das heißt dieser Mechanismus der Entstehung statistischer Gesetze in dynamischen Systemen kann mit der Annahme über die „Anfangsbedingungen" für die Begründung der statistischen Physik genutzt werden.

Allerdings ist keineswegs bewiesen, daß der geschilderte der einzigmögliche Entstehungsmechanismus statistischer Gesetze ist. Wir hatten gesehen, daß statistische Gesetze auch im Rahmen des Determinationstyps II eingeführt werden können. Andere Mechanismen statistischer Gesetze sind prinzipiell nicht ausgeschlossen. Nach den Untersuchungen von Čirikov u. a. läßt sich mit Sicherheit feststellen, daß die Gesetze der statistischen Physik nicht im Widerspruch zu den dynamischen ihrer mikrophysikalisch beschriebenen Gesamtheiten stehen. Von einer endgültigen Lösung des Begründungsproblems ohne zusätzliche Annahmen kann auch hier nicht gesprochen werden. Irreversibilität ergibt sich nicht, sondern wird in Übereinstimmung mit der Erfahrung postuliert. Die Frage nach der Vollständigkeit des Satzes makrophysikalischer Meßgrößen wird nicht gestellt.

Was die so entscheidenden „Anfangsbedingungen" der Welt als Ganzes bedeuten, kann lediglich im Rahmen der allgemeinen Relativitätstheorie aufgeklärt werden. Über den Wert und die Bedeutung statistischer Gesetze besteht heute in der Physik kein Zweifel mehr. Geht man davon aus, daß sie unter bestimmten Bedingungen in dynamischen Systemen wirken, so muß man konstatieren, daß sich eine spezifische Wirkungsbedingung nur in der allgemeinen Relativitätstheorie aufklären läßt. Das ist ein Hinweis darauf, daß Gesetzmäßigkeiten materieller Teilbereiche nicht völlig isoliert existieren, sondern in einem Zusammenhang stehen, der zum Allgemeinen führt, in diesem Fall zu Bedingungen des Weltalls als Ganzem. Das darf aber nicht so mißverstanden werden, daß *alles mit allem* zusammenhängt. Schließlich war es gelungen, Bewegungsgesetze der statistischen Physik in Unkenntnis der in der allgemeinen Relativitätstheorie diskutierten konkreten Bedingungen zu formulieren. Der Alptraum mancher „Elementarteilchen"-theoretiker, daß man den Zustand des gesamten Universums kennen müsse, um den eines Teilchens zu erkennen, ist keinesfalls die notwendige Konsequenz des Determinismus. Im dialektischen Determinismus ist eine Vielfalt hierarchisch geordneter Zusammenhangsformen erfaßt, mit denen die Zusammenhänge der objektiven Realität abbildbar sind. Die physikalische Forschung muß klären, inwiefern von „Elementarteilchen“ und ihren Zuständen gesprochen werden kann (vgl. 3.3.). Weder in dieser Frage noch in der Undifferenziertheit objektiver Zusammenhänge reicht die Position des mechanischen Determinismus aus. Der dialektische Determinismus hingegen erweist seine Fruchtbarkeit und kann durch die weiteren Fortschritte physikalischer Forschung nur bereichert werden, indem bislang unbekannte Zusammenhangsformen oder bislang unbekannte Beziehungen der bereits bekannten Zusammenhangsformen gefunden werden.

Mit den nichtlinearen Modellen des Determinationstyps I ist nachgewiesen, daß statistische Gesetze in dynamischen Systemen auch für eine geringe Zahl von Freiheitsgraden möglich sind (Beispiel: nichtlinearer Oszillator mit einem Freiheitsgrad und einer äußeren Kraft).

Statistische Gesetze sind somit Spezialfälle der Gesetze der klassischen Mechanik bei Instabilitäten dynamischer Bewegung [Čirikov, 1969]. Diese Instabilitäten sind sowohl durch die Parameter eines Systems als auch spezielle Anfangsbedingungen bestimmt.

Stabile und stochastische Bewegungen erweisen sich als Spezialfälle eines mit dem Determinationstyp I mathematisch erfaßten Bewegungsgesetzes. Nachdem man in Modellen oder in bestimmten mathematischen Bedingungen genügenden dynamischen Systemen statistische Gesetze aus der Dynamik erhält, deutet sich bei manchen Autoren die generelle Schlußfolgerung an, daß letztendlich statistische Gesetze immer auf dynamische „rückführbar“ seien. Man kehrt so auf einer höheren Stufe mathematischer und physikalischer Erkenntnisse zu Diskussionen zurück, die seit der Benutzung wahrscheinlichkeitstheoretischer Forschungsmethoden geführt werden.

Andererseits muß man aber beachten, daß in Systemen, die dem Determinationstyp II unterliegen, dynamische Gesetze zur Wirkung kommen. Dabei ist interessant, daß auch hier wieder Instabilitäten eine zentrale Funktion haben. So kommt es beispielsweise unter besonderen Bedingungen zu derartigen Dichtefluktuationen eines Gases im Gravitationsfeld, daß Stratenbildung, also Strukturbildung erfolgt und diese Straten dynamischen Bewegungsgleichungen unterliegen. Derartige Strukturbildungsprozesse in homogenen Medien sind Untersuchungsgegenstand der Theorie der Nichtgleichgewichtszustände. Von besonderem Interesse (vor allem für die Biologie) sind periodisch verlaufende chemische Prozesse in homogenen Gemischen miteinander reagierender Substanzen. Die Theorie von PRIGOGINE, GLANSDORFF beschreibt solche Prozesse. ČIRIKOV verweist darauf, daß diese Schwingungen ihrerseits stochastisch werden können und somit zu statistischen Gesetzen 2. Ordnung führen, was bislang ungenügend berücksichtigt wird [ČIRIKOV, 1975].

Faßt man diese Ausführungen zusammen, so ergibt sich jetzt eine Kette von Gesetzestypen:

$$\cdots \to \text{dynamische Gesetze} \to \text{statistische Gesetze} \to \cdots$$
$$\to \text{dynamische Gesetze} \to \cdots,$$

von der man weder weiß, ob sie Anfang und Ende besitzt, noch wie diese aussehen könnten.

Aus den erwähnten nichtlinearen Modellen vom Determinationstyp I mit stochastischer Instabilität folgt ein weiteres, zunächst paradox erscheinendes Resultat.

Während in der klassischen Mechanik stochastische Bewegung möglich ist, bleibt sie auf der Basis der Quantenmechanik ausgeschlossen. Die SCHRÖDINGER-Gleichung führt nicht zur Phasenmischung [KRYLOV]. Das folgt aus der Tatsache, daß das Spektrum eines Quantensytems im begrenzten Raum endlich ist. Entgegen allen Erwartungen ist die Quantenmechanik „weniger statistisch“ als die klassische Mechanik. Die statistische Interpretation der gegenwärtigen Quantenmechanik ist aber zweifelsohne korrekt. ČIRIKOV vermutet deshalb, daß sich die statistischen Gesetze der Quantenmechanik in einer Analyse des Meßprozesses als Folge der statistischen

Eigenschaften klassisch-mechanischer Meßgeräte erweisen könnten. Damit wird die BOHR-HEISENBERGsche Auffassung mit einer anderen Begründung unterstützt. Gleichzeitig ist auf die bislang ungelösten Probleme des quantenmechanischen Meßprozesses verwiesen, die bereits in der Diskussion um verborgene Parameter eine Rolle spielten.

Für alle betrachteten Modelle, die zu statistischen Gesetzen in dynamischen Systemen führen, sind Voraussetzungen zu beachten, die denen der traditionellen klassisch-mechanischen Bewegungsauffassung widersprechen.

ZASLAVSKI setzt voraus, daß beim Übergang zur wahrscheinlichkeitstheoretischen Beschreibungsweise der Phasenraum immer in Zellen eines endlichen von Null verschiedenen Volumens unterteilt ist [ZASLAVSKI, 8]. Nur so kann der Wahrscheinlichkeitsbegriff widerspruchsfrei eingeführt werden. Es war gezeigt, daß die charakteristische Größe der Raum-Zeit-Zellen von der betrachteten Struktur- und Prozeßebene abhängig ist.

Diese Zellengröße wird als Ausdruck stets vorhandener experimenteller Ungenauigkeit eines mindestens symbolisch unbedingt vorhandenen Meßgerätes angesehen. Warum diese Ungenauigkeit nur mit dem Meßprozeß in Verbindung zu bringen ist, bleibt dabei unklar. Vielmehr könnte man in ihr auch einen Ausdruck dafür sehen, daß die unterstellten scharfen Meßgrößen die Realität weniger adäquat abbilden, als die prinzipiell innerhalb festgelegter Grenzen unbestimmten. Beide Abstrakta sind offensichtlich in den objektiv realen Sachverhalten selbst nicht auffindbar, den letzteren kommt aber größere Allgemeinheit zu.

Der sowjetische Mathematiker N. S. BERNSTEIN warnte, „den wesentlich diskreten Charakter in den Bildungsmechanismen stochastischer Schemen nicht zu vergessen, die in differentieller Form nicht genau abzubilden sind“ [BERNSTEIN, 239]. Zahlreiche Fragen der Übergänge von der traditionellen klassisch-mechanischen Bewegungsauffassung zu der der stochastischen Bewegungen, die von den Gesetzen der statistischen Physik erfaßt sind, unterliegen noch der physikalischen und mathematischen Forschung. Dabei werden sicher Erkenntnisse erzielt, die zu neuen philosophischen Verallgemeinerungen veranlassen.

Es hat sich aber entgegen den in 1.1. zitierten Auffassungen von PLANCK und EXNER gezeigt, daß dynamische und statistische Gesetze keine metaphysischen Gegensätze verkörpern, sondern vielmehr Übergänge von dynamischen zu statistischen Gesetzen auf der Basis des Determinationstyps I möglich sind. Die Berechtigung der Eigenständigkeit des Determinationstyps II als mathematische Abbildung objektiver Zusammenhänge wird trotzdem nicht in Zweifel gezogen.

5. Schlußbemerkungen

Die vorliegenden Untersuchungen der in den Theorien der Physik vorkommenden Zusammenhangsformen und ihrer gegenseitigen Beziehungen ergeben eindeutig, daß der dialektische Determinismus als „Anerkennung der Bedingtheit und Bestimmtheit der Objekte und Prozesse im und durch den objektiven Zusammenhang mit anderen Objekten und Prozessen“ [HÖRZ, 11] unabdingbare philosophische Voraussetzung physikalischer Forschung ist. Daran haben statistische Physik, Relativitätstheorie und Quantenphysik nichts geändert. Die Vielfalt und Differenziertheit der in den physikalischen Theorien erfaßten Zusammenhangsformen hat zugenommen bzw. ist deutlicher geworden. Die These, daß alles mit allem kausal zusammenhängt, ist bereits aufgrund der speziellrelativistischen Kausalbeziehungen unhaltbar [HÖRZ, GRIESE]. Nur zeitartige Ereignisse können im Kausalzusammenhang stehen. Die Kausalität erweist sich als die einfachste, nirgends unterbrochene Form des universellen Zusammenhangs, wenn man sie von ihrer mechanistischen Form befreit. Wissenschaftliche Forschung ist aber nicht auf Kausalanalyse zu reduzieren. Die Erkenntnis objektiver Gesetze und ihres Bedingungsgefüges gilt als ihr wesentliches Ziel. In den Gesetzen, allgemeinnotwendigen und wesentlichen Beziehungen, liegt die komplexeste Zusammenhangsform vor. Dynamische und statistische Bewegungsgesetze sind zwei Gesetzestypen, deren vielfältige Beziehungen dialektisch-materialistischer Untersuchung unterliegen, will man die heuristische Bedeutung statistischer Gesetze für Bereiche abschätzen, in denen bislang nur dynamische Gesetze fixiert sind. Möglichkeit und Wirklichkeit dürfen weder metaphysisch getrennt noch gleichgesetzt werden. In den statistischen Gesetzen sind eine notwendig sich verwirklichende Systemmöglichkeit und mehrere gesetzmäßig miteinander verbundene Elementmöglichkeiten abgebildet, von denen eine verwirklicht wird. In den statistischen Gesetzen der Physik ist der Grad der Verwirklichung aller Möglichkeiten über entsprechende Wahrscheinlichkeiten angebbar. Im Rahmen der Determinismuskonzeption des mechanischen Materialismus wurde die mathematische Wahrscheinlichkeitstheorie ausschließlich als Mittel akzeptiert, unser Unvermögen „genauer“ Berechnungen in komplizierten Systemen zu kompensieren. Auf der Basis der Vorstellung, daß die objektive Realität ausschließlich dem Determinationstyp II gehorcht, kommt der Wahrscheinlichkeitstheorie eine wesentlich prinzipiellere Bedeutung zu. Bei der Untersuchung der Entwicklung physikalischer Bewegungsauffassung ist die zunehmende Bedeutung wahrscheinlichkeitstheoretischer Überlegungen deutlich geworden, ohne daß daraus die Notwendigkeit abzuleiten wäre, das Primat dynamischer Gesetze des mechanischen Materialismus durch das Primat statistischer Gesetze zu ersetzen. Die Vorzüge des dialektischen Determinismus bestehen vielmehr darin, daß er fordert, in Übereinstimmung mit den Erkenntnissen der Natur- und Gesellschaftswissenschaften, die Beziehungen dynamischer und statistischer Gesetze, ihre Übergänge und

Zusammenhänge zu untersuchen und metaphysische Entscheidungen über das Primat des einen oder anderen Gesetzestyps überwindet.

Es zeigt sich, daß der Hierarchie von Bewegungsgesetzen verschiedene Raum-Zeit-Maßstäbe entsprechen. Beim Übergang von Abbildungen mikrophysikalischer und makrophysikalischer Ereignisse in Raum und Zeit zu Abbildungen kosmologischer Raum-Zeit-Verhältnisse ergibt sich eine Raum-Zeit-Hierarchie [TREDER, 1970]. So wird auf jeder materiellen Strukturebene die dialektische Einheit von Materie, Bewegung, Raum und Zeit in mathematisch unterschiedener Weise deutlich. Die Dialektik von Notwendigkeit und Zufall zeigt sich auf jeder Stufe der Erkenntnis. Zufall ist weder auf Notwendigkeit reduzierbar, noch entspricht eine metaphysische Trennung von Zufall und Notwendigkeit dem heutigen naturwissenschaftlichen Erkenntnisstand.

Es wird deutlich, daß derartige Untersuchungen über die Physik hinausweisen. Wahrscheinlichkeitstheoretische Verfahren und Methoden werden in immer weiteren Gebieten der Natur-, der Gesellschaftswissenschaften und der technischen Wissenschaften benutzt. Die dabei auftretenden erkenntnistheoretischen und methodologischen Fragen lassen sich teilweise in der Physik untersuchen. Insbesondere gilt es, noch vorhandene weltanschauliche Vorbehalte gegenüber diesen mathematischen Verfahren abzubauen, die verschiedentlich als ungenau, als Provisorium angesehen werden. Es hat sich gezeigt, daß die Hypothese von J. V. SAČKOV, nach der die Bedeutung der Wahrscheinlichkeitstheorie mit zunehmender Komplexität der betrachteten Objekte, mit Zunahme der Zahl verschiedener Strukturniveaus innerhalb des erfaßten Objektbereiches wächst, auch in den physikalischen Theorien sinnvoll scheint. Dabei dürfen die verschiedenen Strukturniveaus nicht in metaphysischer Trennung betrachtet werden, sondern ihre relative Selbständigkeit ist gleichzeitig mit ihrem Zusammenhang zu betonen. Das weitere Vordringen in die physikalische

Mikrowelt ist möglicherweise mit einer Berücksichtigung weiterer bisher unbekannter oder wenig bekannter Strukturniveaus verbunden. Die Rolle des Wahrscheinlichkeitsbegriffes wächst dabei augenscheinlich. Es ist nicht ausgeschlossen, daß mit dem Vorstoß zu immer „elementareren" Zusammenhängen auch globale Eigenschaften Wirkung zeigen. Der in der statistischen Physik benutzte Wahrscheinlichkeitsbegriff kann als Ausdruck der Existenz zweier relativ verschiedener materieller Strukturniveaus gedeutet werden. In nichtlinearen dynamischen Systemen auftauchende statistische Gesetze stehen in Verbindung mit bestimmten Raum-Zeit-Maßstäben, lassen sich also ebenfalls mit relativ verschiedenen materiellen Strukturniveaus in Zusammenhang bringen.

Mit den Untersuchungen des Zusammenhangs relativ eigenständiger Strukturniveaus in den Theorien der Physik werden Voraussetzungen für eine sinnvolle Untersuchung der Beziehungen zwischen Wissenschaften unterschiedlicher Objektbereiche geschaffen. Heute ist deutlich, daß sich Chemie und Biologie nicht auf Physik reduzieren lassen. Diese gegenüber neopositivistischen Reduktionsversuchen berechtigte Feststellung ist jedoch durch die konstruktive Frage zu ergänzen: Wie weit kommt man mit den Gesetzen der Physik in der Chemie und wie weit kommt man mit denen von Physik und Chemie in der Biologie? Dabei wird ähnlich wie im Begründungsproblem der statistischen Physik deutlich, daß die Physik keine Unterscheidungen in bezug auf das Wesentliche und das Unwesentliche chemischer und biologischer Prozesse zu treffen vermag, daß spezifische Annahmen zu machen sind und daß jede Wissenschaft über ein spezifisches, für die Abbildung ihres Objektbereiches adäquates Begriffssystem verfügt (Beitrag von Ebeling in [Albrecht u. a., 1974]). Die Reduktion aller Wissenschaftssprachen auf die Sprache der Physik stellt eine neopositivistische Fehlorientierung der Wissenschaftsentwicklung dar [Narski; Horstmann]. Reaktionskinetik und Quantenchemie weisen aber für die Chemie konstruktivere Wege als das durch Entlarvung philosophischer Reduktionsversuche allein geschehen könnte. Die Arbeit von M. EIGEN hat gezeigt, daß sich auf der Basis der Theorie von Nichtgleichgewichtsprozessen, wie sie PRIGOGINE/GLANSDORFF entwickelt haben, wahrscheinlichkeitstheoretisch begründete Einwände gegen die DARWINsche Evolutionstheorie entkräften lassen. Die für die Entstehung des Lebens und die Vielfalt der Arten durch Mutation und Selektion erforderlichen Zeiten standen auf unserer Erde zur Verfügung [M. EIGEN]. Die in der Physik bekannten Gesetze werden weder in chemischen noch in biologischen Systemen verletzt und bieten eine bislang bei weitem noch nicht erschöpfte Grundlage neuer wissenschaftlicher Erkenntnisse in diesen Wissenschaften.

Der angeblich durch die physikalische Forschung des 20. Jahrhunderts erwiesene philosophische Indeterminismus entpuppt sich als Fehlinterpretation der Physik, die einer Identifikation des Determinismus mit seiner metaphysischen Konzeption des mechanischen Materialismus geschuldet ist. Von bürgerlichen Ideologen, die sich derartiger Argumente bedienen, wird dem historischen Materialismus mechanistischer Determinismus unterschoben. Es wird behauptet, daß in dieser Theorie ein Automatismus bei der Entwicklung von Produktionsverhältnissen und Produktivkräften vorläge, die Erscheinungen der ökonomischen Basis alle Überbauerscheinungen eindeutig bestimmen, die Rolle der Persönlichkeit in der Geschichte negiert wäre, die Problematik von Entscheidungsmöglichkeiten übersehen würde u. a. m. Daß damit das Wesen des historischen Materialismus nicht annähernd erfaßt ist, kann selbst nach einer ersten Einführung in den Marxismus-Leninismus ohne weiteres erkannt werden. Bei solchen Behauptungen handelt es sich um eine offenkundige Entstellung wesentlicher Grundlagen der wissenschaftlichen Weltanschauung der Arbeiterklasse, die auf das deutlichste den Klassenstandpunkt ihrer Autoren ausweisen.

Um die so vorgetragenen Einwände bürgerlicher Ideologen zu entkräften, ist es neben einer Richtigstellung des tatsächlichen Gehalts des historischen Materialismus wichtig, die Identifikation von Determinismus mit der Determinismuskonzeption des mechanischen Materialismus zurückzuweisen. Dabei ist festzustellen, daß im Unterschied zu einer weitverbreiteten Auffassung die mechanistische Determinismuskonzeption nicht einmal der klassischen Mechanik selbst gerecht wird. Das macht deutlich, daß die Notwendigkeit dialektisch-materialistischen Herangehens an die philosophischen Probleme der Physik nicht erst in der sogenannten modernen Physik entsteht. Solange lediglich die klassische Mechanik und die nach ihrem Vorbild entworfene klassische Physik vorlag, konnte deren metaphysische Interpretation der physikalischen Forschung selbst nicht sonderlich schaden. Die philosophische Fehlinterpretation der Physik wirkte sich bei der Entwicklung der anderen Wissenschaften weitaus hemmender aus. Als aber die Physik auf die Notwendigkeit stieß, das physikalische Programm des mechanischen Materialismus zu revidieren; als klar wurde, daß nicht die gesamte Physik auf der Basis der klassischen Mechanik errichtet werden kann, war die metaphysische Interpretation der klassischen Mechanik der physikalischen Forschung selbst in höchstem Grade hinderlich. In Unkenntnis des dialektischen Materialismus kam es beim Zusammenbruch des mechanistischen Weltbildes bei vielen bürgerlichen Physikern zur Aufgabe spontan-materialistischer Grundhaltungen in ihren expliziten philosophischen Aussagen. Der so entstandene „physikalische Idealismus“ war und ist eine der wesentlichen Komponenten naturwissenschaftlich verbrämter Angriffe auf den dialektischen und historischen Materialismus, die insofern haltlos sind als nach wie vor alle physikalischen Theorien von materialistischen Positionen ausgehen, auch wenn ihre Schöpfer subjektiv anderer Auffassung sind.

Mit der Determinismuskonzeption des mechanischen

Materialismus liegt *eine* metaphysische Determinismuskonzeption vor. Die Wissenschaftsentwicklung hat gezeigt, daß metaphysische Auffassungen aber keinesfalls lediglich an eine Wissenschaft oder eine wissenschaftliche Theorie gebunden sind. Ersetzt man beispielsweise heute das Primat dynamischer Gesetze durch das Primat statistischer Gesetze, legt also fest, daß alle Naturgesetze statistische Gesetze seien, so ist eine derartige Auffassung auch als metaphysische Position zu charakterisieren. Ein wesentlicher Grund für immer wieder mögliche metaphysische Auffassungen kann darin gesehen werden, daß die objektiv-realen Zusammenhänge als mathematische Strukturen unterstellt werden.

Zu Beginn der Untersuchungen wurde eine philosophische Hypothese formuliert, die möglicherweise mehr Klarheit in die Diskussion um die Naturdialektik bringen kann und vor allem die genannte Quelle metaphysischer Interpretationen mathematisierter wissenschaftlicher Theorien beseitigt. Es wurde angenommen: Die Zusammenhänge materieller Objekte und Prozesse sind prinzipiell nicht mit mathematischen Strukturen zu identifizieren, lassen sich aber mittels mathematischer Strukturen im Verlaufe des Erkenntnisprozesses immer adäquater widerspiegeln. Das heißt die Welt soll nicht als mathematische unterstellt werden. Daraus folgt, daß jede mathematisierte Theorie über die Welt lediglich Annäherung an die Wirklichkeit sein kann, niemals aber mit der Wirklichkeit selbst in vollständige Übereinstimmung zu bringen ist. Isomorphie bleibt eine Eigenschaft, die nur zwischen mathematischen Strukturen innerhalb von Theorien möglich ist. Diese Hypothese verhindert keinen Mathematisierungsversuch der Gesetze irgendeines Objektbereiches in Natur, Gesellschaft und im menschlichen Denken, verhindert aber die metaphysische Verabsolutierung konkreter, mathematisch gefaßter Gesetzeszusammenhänge. So ist es möglich, kosmologische Weltmodelle in *einem* theoretischen Ansatz auf der Basis bisher bekannter physikalischer Gesetze zu formulieren, die die Eigenschaften der Welt als Ganzes physikalisch sinnvoll zu erfassen gestatten. Daß dabei Besonderheiten auftreten, die bei der Abbildung von Teilbereichen der objektiven Realität nicht vorkommen, kann nicht verwundern (vgl. Anmerkung 33 zu Kap. 4). Man darf allerdings nicht davon ausgehen, daß alle über die objektive Realität erzielbaren Erkenntnisse in einer oder einer Vielzahl mathematischer Ausdrücke enthalten sind. „Zu jeder physikalischen Weltformel gibt es eine allgemeinere" — ist eine philosophische Annahme, die den Wissenschaftsfortschritt sicher weniger hemmen kann als jene, nach der es eine letzte allumfassende Weltformel gibt, die mit dem bereits in der griechischen Naturphilosophie spätestens seit Anaximander vermuteten *einem* Weltgesetz identisch wäre. Die grundlegende philosophische Hypothese darf nicht als Versuch mißverstanden werden, mathematischer Erfassung gesetzmäßiger Zusammenhänge oder Versuche nach Vereinheitlichung von Theorien (gegenwärtig in der Physik insbesondere Quantentheorie und allgemeine Relativitätstheorie) bis hin zu den Diskussionen um die einheitliche physikalische Theorie geringzuschätzen. Sie ist im Gegenteil geeignet, weltanschauliche Vorbehalte gegen Mathematisierungsversuche von Zusammenhängen innerhalb bestimmter Objektbereiche abzubauen. Die oft konstatierte Diskrepanz zwischen den widerspruchsfreien Beziehungen in mathematisierten Theorien und dem dialektischen, also widersprüchlichen Verhalten in der objektiven Realität ist damit eliminiert. Der philosophischen Forschung erwachsen eine Reihe von Aufgaben. Vor allem gilt es zu untersuchen, *wie* dialektische Sachverhalte mittels mathematischer Strukturen abbildbar sind. Ausgeschlossen bleiben nach wie vor spekulative Aussagen der Philosophie über das „tatsächliche" Verhalten der Objekte, die keine naturwissenschaftliche Berechtigung haben. Alle philosophischen Hypothesen über die Struktur der Materie müssen sich in den entsprechenden Wissenschaften bewähren oder sind aufzugeben.

Insofern dürfen sie nicht als Konsequenz der Weltanschauung angesehen werden.

Aus den Erörterungen zum dialektischen Determinismus in der Physik sind Hinweise auf die Tragfähigkeit der genannten philosophischen Hypothese zu entnehmen, deren philosophischer Wert vor allem durch Untersuchungen anderer Wissenschaften deutlich werden müßte.

In den untersuchten Bewegungsgesetzen der grundsätzlichen physikalischen Theorien traten zwei Determinationstypen auf, deren Unterschied vor allen Dingen in der Charakterisierung der Zustände lag. Im Determinationstyp I waren die physikalischen Zustände durch Sätze meßbarer physikalischer Größen beschrieben, während im Determinationstyp II Wahrscheinlichkeitsverteilungen (Erwartungswerte) physikalisch meßbarer Größen oder andere mathematische Konstruktionen auftraten, die sich auf Erwartungswerte physikalisch meßbarer Größen bringen lassen. Es zeigte sich, daß es einen Mechanismus gibt (stochastische Instabilitäten), der zu statistischen Gesetzen auf der Ebene des Determinationstyps I führt. Damit wurde die Frage aufgeworfen, ob alle mathematisierten physikalischen Theorien mit dem Determinationstyp I auskommen. Damit wäre die Eigenständigkeit und selbständige Bedeutung dynamischer und statistischer Gesetze keineswegs in Frage gestellt. Heute ist bewiesen, daß statistische Gesetze in dynamischen Systemen auftauchen können. Das ist keinesfalls, wie oft behauptet wird, notwendig an die Existenz einer großen Zahl von Freiheitsgraden der jeweiligen Objekte gebunden. Bereits ein dynamisches System eines Teilchens mit einer äußeren Kraft (nichtlinearer Oszillator) verfügt über derartige Eigenschaften! Nicht bewiesen ist, daß alle statistischen Gesetze auf diese Weise besonderen Eigenschaften dynamischer Systeme geschuldet sind. Das heißt die Berechtigung der Eigenständigkeit des Determinationstyps II ist damit nicht in Frage gestellt. Auf der Basis der hier angenommenen philosophischen Hypothese versteht sich die Möglichkeit zweier Determinationstypen von selbst. Darin wird deutlich, daß jede physikalische Theorie das Ergebnis eines dialektischen Abbildungsprozesses ist. Sie enthält immer direkt Abgebildetes (also empirisch Auffindbares) und Entworfenes (also empirisch nicht eindeutig belegbare Annahmen). Abgebildetes und Entworfenes bilden eine dialektische Einheit. Das gilt für die klassische Mechanik ebenso wie für die statistische Physik, die allgemeine und spezielle Relativitätstheorie und die Quantenphysik. Unterschieden sind lediglich die Anteile von Abgebildetem und Entworfenem innerhalb dieser Theorien. Negation des Entworfenen führt zum mechanischen Materialismus oder Empirismus, Negation des Abgebildeten zum Konventionalismus. Die Rolle mathematischer Konstruktionen nimmt im physikalischen Theoriebildungsprozeß zu. Heute erscheint die Frage sinnvoll, ob physikalischer Fortschritt über Variationen mathematischer Strukturen möglich ist (vgl. [Born, 1969] und [Einstein, Born, 153–156]).

Nach wie vor aber entscheidet das physikalische Experiment über die Richtigkeit der Theorien. Wir hatten verschiedene Probleme kennengelernt, die gegenwärtig experimentell nicht entscheidbar sind. Das können Hinweise auf objektive Naturdialektik sein. Die Möglichkeit eindeutiger experimenteller Entscheidungen ist nicht auszuschließen. In allen Bereichen, in denen physikalische Theorien auf der Basis zweier verschiedener Determinationstypen möglich sind, ergeben sich Hinweise auf die Widersprüchlichkeit der objektiven Realität. Objektive Naturdialektik widerspiegelt sich auf der Ebene mathematisierter physikalischer Theorien u. a. in verschiedenen Möglichkeiten theoretischer Ansätze, deren Gültigkeitsbereich allerdings nicht notwendig identisch sein muß.

Der Gültigkeitsbereich einer Theorie wird im wesentlichen durch den Gültigkeitsbereich seiner Grundgesetze bestimmt. Die Gesamtheit der Wirkungsbedingungen legt den Gültigkeitsbereich eines Gesetzes fest. Der Erkenntnisprozeß ist sowohl bezüglich der Gesetzeserkenntnis als auch der Erkenntnis von Bedingungen bereits erkannter Gesetze als potentiell unendlich anzusehen. Die spezifischen Wirkungsbedingungen für die NEWTONsche Bewegungsgleichung waren erst in Kenntnis der speziellen und allgemeinen Relativitätstheorie, der statistischen Physik und der nichtrelativistischen Quantenmechanik formulierbar. Zwar ist nicht zu erwarten, daß allgemeinere physikalische Theorien noch Beiträge für die Aufklärung der Wirkungsbedingungen der klassischen Mechanik leisten. Trotzdem ist das nicht auszuschließen. Aus derartigen noch zu findenden Wirkungsbedingungen könnten sich aber keinerlei Konsequenzen für das Gebiet bisheriger experimenteller Bestätigungen der Theorie ergeben. Änderungen sind lediglich jenseits bisheriger Meßgenauigkeiten möglich und daher vom gegenwärtigen Stand experimenteller Forschung für die Experimentalphysik uninteressant. Anders für die Theorie, in der die Frage steht, ob beispielsweise Ansätze der statistischen Physik, die vom Determinationstyp II ausgehen, ohne eine mikrophysikalische Bewegungsgleichung zugrundezulegen, zu einem größeren Gültigkeitsbereich führen als der traditionelle Aufbau. Das hätte dann auch experimentelle Konsequenzen — allerdings nicht für die klassische Mechanik.

Aus der philosophischen Erkenntnis, daß kein Ergebnis wissenschaftlicher Arbeit unumstößlich ist, sondern eine Stufe des dialektisch verlaufenden Erkenntnisprozesses darstellt, folgt, will man nicht in metaphysischen Relativismus verfallen, in Übereinstimmung mit der LENINschen Wahrheitsauffassung, daß im Forschungsprozeß Kenntnis über den Gültigkeits- und somit den Anwendungsbereich der jeweiligen Theorien zu erzielen ist. Der ursprüngliche Versuch des mechanischen Materialismus den Gültigkeitsbereich der klassischen Mechanik auf beliebige materielle Objekte (von den kleinsten Körpern bis zum gesamten Kosmos) auszudehnen, ist auf dem Erkenntnisstand des 17. und 18. Jahrhunderts verständlich, erwies sich aber als verfehlt. Wir hatten gesehen, daß die Begründer der klassischen Mechanik weitaus vorsichtiger mit Vermutungen über den Gültigkeitsbereich der Theorie waren als ihre Nachfolger. Das war ein weiterer Anlaß, den mechanischen Materialismus streng von der klassischen Mechanik zu unterscheiden. Der Übergang von der klassischen Mechanik zur speziellen Relativitätstheorie einerseits und zur Quantenmechanik andererseits hat den Physiker erst auf die Existenz eines Gültigkeitsbereiches seiner Theorien verwiesen. Erscheinungen, die in diesen Gültigkeitsbereich fallen, werden von der entsprechenden Theorie bezogen auf alle innerhalb des Bereiches zulässigen Fragestellungen erschöpfend erklärt.

Die in der Physik betrachteten Bewegungsgesetze sind mathematische Größengleichungen, die für jedes Ereignis innerhalb ihres Gültigkeitsbereiches allgemeinnotwendige und wesentliche Zusammenhänge erfassen. So wie die gesetzmäßigen Zusammenhänge mathematisch abbildbar sind, soll das auch für die Gesamtheit aller mit dem Ereignis direkt oder indirekt in Beziehung stehender Kausalverhältnisse gelten (Bedingungskomplex eines Ereignisses).

Über die Analyse des Bedingungskomplexes physikalischer Ereignisse kann man hoffen, Aufschlüsse für die Art der jeweils zum Tragen kommenden Gesetzestypen zu erlangen [Ebeling u. a., 1970]. Allerdings ist dabei zu berücksichtigen, daß die Analyse der Bedingungskomplexe von Ereignissen erhebliche Probleme mit sich bringt. Wie die Analyse der Bedingungen konkreter Gesetze gezeigt hat, sind immer auch solche Forderungen enthalten, deren Überprüfung ausgeschlossen oder von denen ohne weiteres einzusehen ist, daß sie prinzipiell unerfüllbar sind. Mit der Bestätigung der Gültigkeit der Gleichung innerhalb eines bestimmten Bereiches physikalischer Erscheinungen wird gleichzeitig das zugrundeliegende Bedingungsgefüge als ausreichende Näherung erwiesen.

Eine mathematische Aussage wird erst dann zu einer

physikalischen, wenn klar ist, daß ihre Bedingungen für einen fixierten Näherungsgrad der theoretisch ermittelten Größen an die experimentell gemessenen von materiellen Repräsentanten erfüllt sind. Solange physikalische Objekte oder Prozesse unbekannt bleiben, die diesen Bedingungen annähernd genügen, kommt solchen Aussagen verschiedentlich heuristische Funktion als Hypothese für Gesetzesaussagen zu (vgl. 3.1).

Bedingungen physikalischer Gesetze sind sowohl charakteristische Eigenschaften von Elementen der in der Theorie benutzten mathematischen Objektklassen als auch Existenzbehauptungen. Letzteres heißt: Es gibt in der objektiven Realität Objekte, Eigenschaften und Beziehungen, die unter diesen Bedingungen annähernd in einem Gleichheitsverhältnis stehen, das die Theorie zu einer exakten Gleichheitsrelation macht. Das ist dann die Voraussetzung in der Theorie mit abstrakten Mengen oder Klassen zu arbeiten, die in der objektiven Realität selbst nicht unterstellt sein sollen.

Der Erkenntnisprozeß in der Physik führt, wie die Untersuchung gezeigt hat, zu Gesetzeserkenntnis (Erkenntnis neuer, bislang unbekannter Gesetze) und Erkenntnis der Bedingungen bereits erkannter Gesetze. Handelt es sich um Grundgesetze der betrachteten physikalischen Theorien, so bringt die Erkenntnis bislang unbekannter Bedingungen in der Regel eine Einengung des Gültigkeitsbereiches der bereits erkannten Gesetze mit sich bzw. kann zur dialektischen Aufhebung der alten Theorie in einer neuen führen (Korrespondenzprinzip). In beiden Fällen ist das für die angestrebte Anwendung der Theorie von nicht geringem Interesse.

Die zwei Richtungen des Erkenntnisprozesses stehen nicht metaphysisch nebeneinander. Sie ergänzen und durchdringen einander. Die Anwendung einer Theorie stößt im Rahmen ihres bisherigen Gültigkeitsbereiches verschiedentlich auf Erscheinungen, die im Widerspruch zu den Aussagen dieser Theorie stehen. Das löst, wenn solche Widersprüche genügend schwerwiegend sind, konstruktive Versuche in beiden Richtungen des Erkenntnisprozesses aus. Die vom Konditionalismus aufgestellte Behauptung, wonach man niemals Kenntnis sämtlicher Bedingungen eines Ereignisses und folglich noch weniger eines Gesetzes erlangen könne, ist oftmals Anlaß zum Agnostizismus gewesen. Nach den vorliegenden Untersuchungen ist Agnostizismus für die Physik völlig unberechtigt, weil es gelingt, die Gesamtheit der Wirkungsbedingungen physikalischer Gesetze aufzuklären.

Die in der Physik vorliegenden Gesetze können auf die logische Form einer Allaussage gebracht werden:

$$\forall (x)\ [a(x) \rightarrow b(x)]. \tag{18}$$

Dabei ist $a(x)$ als Komplex der Begleit- und Wirkungsbedingungen anzusehen. Wenn für eine Variable x ein Objekt aus dem Gültigkeitsbereich des Gesetzes steht, so gelten immer dann, wenn die Aussagen a Bedingungen gelten, auch die Gesetzesaussagen b.

Während das Gesetz b in einer existierenden Theorie immer vollständig bekannt ist, kann das von der Gesamtheit der Bedingungen nicht behauptet werden.

Der mit einer Theorie bzw. mit einem Gesetz arbeitende Physiker muß immer so vorgehen, als wären die in a zusammengefaßten Bedingungen erfüllt (er muß also von den unbekannten Bedingungen absehen oder sie ungeprüft auch als erfüllt ansehen), wenn er im Rahmen dieser Theorie zu überprüfbaren Schlußfolgerungen kommen will oder er muß ein neues theoretisches System schaffen, wenn dies innere Widersprüche im Rahmen der alten Theorie oder unzulässige Abweichungen empirischer Meßdaten von den theoretisch ermittelten Werten erforderlich machen.

Während im ersten Falle vornehmlich Kenntnis des analytischen Handwerkzeuges und Fähigkeit der Übersetzung einer experimentellen Situation in eine mathematische Aufgabe der Theorie sowie Interpretation des rechnerisch ermittelten Ergebnisses verlangt werden, treten im zweiten Falle wesentliche philosophische Fragen im Rahmen der physikalischen Forschungsarbeit auf. Es werden Abstrakta aufgegeben, die sich früher für den im Rahmen dieser Theorie rechnenden Physiker als „Denknotwendigkeiten“ darstellten. Kenntnis der dialektischen Erkenntnistheorie erleichtert dem Physiker die Aufgabe physikalischer Grundbegriffe zugunsten allgemeinerer, also potentiell einem größeren Bereich materieller Objekte und Prozesse zukommender, wenn das erforderlich wird.

„Das Denken, das vom Konkreten zum Abstrakten aufsteigt, entfernt sich nicht — wenn es *richtig* ist ... *von* der Wahrheit, sondern nähert sich ihr. ... *alle* wissenschaftlichen ... Abstraktionen spiegeln die Natur tiefer, richtiger, *vollständiger* wider“ [LW, 38, 160].

Die in der Logik häufig erörterte Frage, ob alle Aussagen der Form (18) wissenschaftliche Gesetze seien, bzw. welche logische Struktur notwendig und hinreichend für eine Gesetzesaussage ist, kann hier unberücksichtigt bleiben, da im Rahmen der Physik kaum Zweifel darüber bestehen, was ein Gesetz ist. Jedes der betrachteten physikalischen Gesetze ist von der angeführten logischen Struktur. Die zugrundegelegte philosophische Auffassung, nach der Gesetze allgemein-notwendige und wesentliche Zusammenhänge darstellen, erwies sich als sinnvoll.

Die Diskussionen der marxistisch-leninistischen Gesetzeskonzeption — Kernstück des dialektischen Determinismus — zeigen deutlich, daß im dialektischen Materialismus ein tragfähiges Fundament für die Behandlung philosophischer Fragen der Physik vorliegt. So wie der weitere Fortschritt der Physik zweifelsohne philosophische Erkenntnisse präzisieren wird, vermögen die Ergebnisse philosophischer Diskussionen auf dialektisch-materialistischer Grundlage bestimmte Fragen der physikalischen Forschung klarer zu stellen und Hypothesen zu entwickeln, deren Berechtigung allein durch die weitere Entwicklung der Physik erwiesen werden kann.

Wer meint, daß die Welt durchgängig von dynamischen Gesetzen beherrscht ist, wird in allen statistischen Theorien nach verborgenen Parametern suchen und alle statistischen Gesetze durch dynamische begründen wollen.

Wer davon ausgeht, daß die Welt statistischen Gesetzen gehorcht, kann die Möglichkeit dynamischer Gesetze der klassischen Physik nur als einen außergewöhnlich glücklichen Umstand ansehen und wird bei der Bildung neuer Theorien prinzipiell immer von objektiven Unbestimmtheiten ausgehen.

Die hier vertretene Position besteht darin, daß weder die eine noch die andere Auffassung allein berechtigt ist. Die objektive Realität wird von dynamischen und statistischen Gesetzen beherrscht, deren Gültigkeitsbereiche an eine Vielzahl materieller Bedingungen verschiedener Strukturniveaus in der objektiven Realität gebunden sind. Weder die generelle Reduktion der statistischen Gesetze auf die dynamischen, noch die generelle Ersetzung aller dynamischen Gesetze durch statistische scheinen mit Notwendigkeit begründbar. Vielmehr muß es als wahrscheinlich gelten, daß die bislang bekannten zwei Gesetzestypen durch andere, noch kompliziertere ergänzt werden, die Vielfalt der im dialektischen Determinismus erfaßten Beziehungen weiter bereichert wird. In den Übergängen von dynamischen zu statistischen und von statistischen zu dynamischen Gesetzen innerhalb verschiedener Objektbereiche zeigen sich die wesentlichen Besonderheiten dialektischer Beziehungen.

Die beiden mathematischen Möglichkeiten der Abbildung objektiv-realer Zusammenhänge (Determinationstyp I und II) sind von unterschiedlichem Allgemeinheitsgrad. Determinationstyp II enthält den Determinationstyp I als Grenzfall. Der Determinationstyp I führt unter bestimmten Bedingungen zu Wahrscheinlichkeitsgesetzen, wie sie für den Determinationstyp II charakteristisch sind. Damit wird dessen prinzipielle Eigenständigkeit zumindest in Frage gestellt. Solange aber nicht bewiesen ist, daß alle statistischen Gesetze im Rahmen des Determinationstyps I erfaßt werden können — und das ist bislang nicht der Fall — muß man davon ausgehen, daß der Determinationstyp II allgemeiner ist. Damit wird die Vermutung nahegelegt, daß Theorien, die von diesem Determinationstyp ausgehen, einen größeren Gültigkeitsbereich besitzen. Daraus ergibt sich ein kritisches Interesse für alle Ansätze zu Theorien dieses Typs, deren Bedeutung manchmal noch unterschätzt wird.

Die Frage nach dem Verhältnis der beiden Determinationstypen läßt sich möglicherweise durch die weitere mathematische Grundlagenforschung entscheiden. Bleibt auch durch weitere Untersuchungen ihre relative Eigenständigkeit gewahrt und lassen sich eine Reihe von Theorien innerhalb experimentell identischer Gültigkeitsbereiche aufbauen, so ist das ein Hinweis auf objektive Naturdialektik und die Berechtigung der philosophischen Hypothese, derzufolge man davon auszugehen hat, daß die objektiv-realen Zusammenhänge nicht mit mathematischen Strukturen zu identifizieren sind.

Sollte die mathematische Grundlagenforschung zeigen, daß nur dem Determinationstyp I eigenständige Bedeutung zukommt, dann bleibt die Bedeutung des Wahrscheinlichkeitsbegriffes und damit der statistischen Gesetze davon unberührt. Damit ist die Berechtigung gegeben, das Verhältnis dynamischer und statistischer Gesetze als dialektische Beziehung zu betrachten. Die weitere Wissenschaftsentwicklung wird die Bedeutung statistischer Gesetze und der wahrscheinlichkeitstheoretischen Methoden bei der Abbildung immer komplexerer, hierarchisch strukturierter Forschungsobjekte vermutlich anwachsen lassen. Aus den bisherigen Untersuchungen ergeben sich keinerlei Hinweise darauf, den Wahrscheinlichkeitsbegriff ausschließlich als Maß subjektiver Unbestimmtheit zu begründen. Er ist eine mathematische Größe zur Charakterisierung objektiv-realer Zusammenhänge größeren Allgemeinheitsgrades als die Größen der klassischen mathematischen Analysis, dessen Bedeutung im Rahmen des dialektischen Determinismus deutlich wird, ohne daß Veranlassung besteht, alle objektivrealen Zusammenhänge mit Wahrscheinlichkeitsbeziehungen zu identifizieren. Das könnte den Determinismus wieder auf eine metaphysische Konzeption bringen. Metaphysische Determinismuskonzeptionen sind zu verhindern, wenn man keine der mathematisch möglichen Strukturen, unabhängig davon, ob sie bereits bekannt sind oder nicht, mit den Zusammenhängen der objektiven Realität identifiziert.

Anmerkungen

Anmerkungen zu Kapitel 1

[1]) Das gilt in analoger Weise für alle Wissenschaften. Kenntnis der wissenschaftlichen Gesetze ist immer Voraussetzung wissenschaftlicher Erklärungen des Vorgefundenen und ermöglicht Voraussagen über zukünftige Ereignisse. Zielgerichtete menschliche Tätigkeit ist nur dann möglich, wenn durch wissenschaftliche Gesetze die Folgen unseres Handelns vorauszusehen sind bzw. wir in Unkenntnis der Gesetze über ausreichend praktische Erfahrungen verfügen.

Die Physik kann in den Betrachtungen *dieses* Kapitels exemplarisch für alle Natur-, Gesellschafts- und technischen Wissenschaften stehen. Dort wo keine spezifische physikalische Theorie angesprochen ist, gelten die entsprechenden Aussagen auch für andere Wissenschaften. Damit wird weder deren Spezifik in Frage gestellt, noch wird der unsinnige Versuch unternommen, die anderen Wissenschaften auf Physik zu reduzieren.

[2]) In dieser Eigenschaft sehe ich eine wesentliche Besonderheit dialektischer Beziehungen aller philosophischen Kategorien, die bekanntlich objektive Dialektik widerspiegeln. Es hieße beispielsweise die Dialektik aufgeben, wollte man die Leninsche Materiedefinition dahingehend umdeuten, daß Materie die logische Negation von Bewußtsein sei und umgekehrt. Zwar werden bei der materialistischen Beantwortung der Grundfrage der Philosophie die philosophischen Kategorien Materie und Bewußtsein durcheinander bestimmt, sie stehen deshalb aber nicht in einer als logische Negation formalisierbaren Beziehung zueinander. Bereits in der Grundfrage der Philosophie geht es in der konsequent materialistischen Philosophie um dialektische Beziehungen des Verhältnisses von Materie und Bewußtsein. Dieser Umstand hat Folgen für das gesamte Gebäude des dialektischen und historischen Materialismus, auf die im weiteren immer wieder am konkreten Material hinzuweisen sein wird.

In der Einleitung zu den „Grundrissen der Kritik der Politischen Ökonomie“ (1857/58) hat MARX den erwähnten Sachverhalt am Beispiel von Produktion und Konsumtion deutlich gemacht: „Jede ist unmittelbar ihr Gegenteil. Zugleich aber findet eine vermittelnde Bewegung zwischen beiden statt“ [MARX, Grundrisse..., 12].

³) Alles was außerhalb und unabhängig vom menschlichen Bewußtsein existiert und von diesem abgebildet, widergespiegelt werden kann, ist in der marxistisch-leninistischen Philosophie als Materie bestimmt.

⁴) Selbst MACH hatte anerkannt „während der Forschung aber ist jeder Denker notwendig theoretisch Determinist“ [MACH, 283]. Von LENIN wurde er kritisiert, weil er den Determinismus auf das Gebiet der Forschung einschränkte [LW, 14, 188—189].

⁵) EINSTEIN hatte in seinen Betrachtungen „Zur Methodik der theoretischen Physik“ davor gewarnt, die Worte der Physiker selbst überzubewerten: „Höret nicht auf ihre Worte, sondern haltet Euch an ihre Taten“ [EINSTEIN, 1972, 113].

Weit davon entfernt diesen Ausspruch auf alle Physiker gleichermaßen zu beziehen, hat er in bezug auf die philosophischen Voraussetzungen physikalischer Forschung noch weit mehr Gewicht. Der Sache nach gehen alle Physiker, solange sie Physik betreiben, von einer materialistischen Grundposition und der Anerkennung des Determinismus aus. Immer häufiger werden diese Voraussetzungen heute von ihnen auch explizit genannt. Bei Physikern, die bürgerlichen philosophischen Traditionen verpflichtet sind, geraten die spontanmaterialistischen Äußerungen des Naturwissenschaftlers sehr oft in Widerspruch zu ihrer philosophischen Gesamtkonzeption.

⁶) Das trifft beispielsweise auf verschiedene Äußerungen HEISENBERGS zu. In seinem Vortrag „Naturgesetz und die Struktur der Materie“ (1964) konstatierte er, wie auch bei anderer Gelegenheit, eine definitive Entscheidung der modernen Physik zugunsten von Platos Idealismus gegenüber Demokrits Materialismus, ohne die Frage nach der Struktur der Materie von der Frage nach der Quelle des Wissens zu unterscheiden. „Denn die kleinsten Einheiten der Materie sind tatsächlich nicht physikalische Objekte im gewöhnlichen Sinn des Wortes; sie sind Formen, Strukturen oder — im Sinne Platos — Ideen, über die man unzweideutig nur in der Sprache der Mathematik sprechen kann“ [HEISENBERG, 1971, 236]. Darin liegt sofort

die Problematik des Sinns des Begriffs der „kleinsten Einheiten der Materie“ eingeschlossen. Außerdem sind „physikalische Objekte im gewöhnlichen Sinne des Wortes“ als klassische Objekte unterstellt, was keineswegs zwingend ist. Und schließlich hat es auch Heisenberg in allen experimentellen Untersuchungen zur Überprüfung theoretischer Ansätze nicht mit „Ideen“ zu tun, die in der Nebelkammer Spuren hinterlassen, sondern mit sehr realen Teilchen, die allerdings über völlig andere Eigenschaften verfügen als die Körper der klassischen Mechanik. Unbestritten ist, daß sich in der Sprache der Mathematik unzweideutig über diese Objekte sprechen läßt. Eine gründlichere philosophische Analyse derartiger Aussagen findet man bei [Hörz, 1966].

In den Arbeiten von Born, Bohr, C. F. v. Weizsäcker und vielen anderen bürgerlichen Physikern lassen sich ähnlich lautende philosophische Aussagen finden. In allen derartigen Fällen kann jedoch gezeigt werden, daß diese Autoren in ihren physikalischen Arbeiten ebenfalls vom Materialismus und vom Determinismus in der hier unterstellten Bedeutung dieser Begriffe ausgehen.

[7]) Dies kommt in eklatanter Weise bei Jordan zum Ausdruck, der die „weltanschauliche Zerrissenheit ... der westlichen Welt ... in der Gegenüberstellung zu einer anderen Macht“ beklagt, „die sich auszeichnet durch straffste geistige, weltanschauliche, ideologische Geschlossenheit“ [Jordan, 11]. Diese Schwäche soll beispielsweise über eine Fehlinterpretation kosmologischer Weltmodelle in einer naturwissenschaftlich begründeten „Bestätigung des Glaubens“ überwunden werden. „Pius XII. hat nichts anderes als schlichte Wahrheit ausgesprochen, als er die umwälzenden Erkenntnisse der Naturwissenschaften Bestätigung des Glaubens nannte“ [Jordan, 68]. Die *physikalische* Berechtigung des betrachteten kosmologischen Weltmodells im *Moment* des Urknalls ($t = 0$) versäumt der Physiker Jordan jedoch zu begründen.

[8]) Es ist zu betonen, daß es sich dabei um eine Determinismuskonzeption handelt, die an die *mathematische Form* der physikalischen Theorien gebunden ist. Insofern in anderen Wissenschaften keine mathematisierten einzelwissenschaftlichen Theorien vorliegen, ist nicht einmal die Frage nach der Bedeutung einer solchen Determinismuskonzeption sinnvoll zu stellen. Der Determinationstyp I ist eine spezifische Zusammenhangsform innerhalb mathematisierter physikalischer Theorien.

Mit diesem Begriff soll auf die Spezifik des *mathematischen* Aufbaus der physikalischen Theorie verwiesen werden. Sie wird als mathematische Theorie behandelt, sobald dieser Begriff benutzt ist.

[9]) Vgl. beispielsweise [Carnap, 1969; Popper, 1966; Reichenbach, 1968] u. a.

[10]) Kupcov ist vorbehaltlos zuzustimmen, wenn er betont, daß in Kenntnis des Gesamtwerks Laplacescher Determinismus nicht notwendig mit mechanischem zu identifizieren ist [Sov. det. 81–97].

[11]) Ohne Zweifel ist diese Terminologie nicht besonders glücklich. „Dynamisch" ist hier keine Entgegensetzung zu statisch. Die „statischen" Gesetze sind ebenfalls Bewegungsgesetze, also im ursprünglichen Sinne dieses Wortes „dynamische". Da es im weiteren immer um Bewegungsgesetze geht, können Verwechslungen wegen des nicht eindeutigen Gebrauchs von „dynamisch" ausgeschlossen werden.

An einer Änderung der Terminologie besteht insofern wenig Interesse, als die Diskussionen seit Plancks programmatischer Arbeit „Dynamische und statistische Gesetzmäßigkeit" (1914) im wesentlichen mit den dort bestimmten Begriffen geführt werden.

In der neueren sowjetischen Literatur werden verschiedentlich „starr determinierte" und „statistische", bzw. „nichtstatistische" und „statistische" Gesetze unterschieden. Dabei ist ebenso wie auch mit anderen Begriffsbildungen das hier als Verhältnis dynamischer und statistischer Gesetze erörterte Problem gemeint.

Die vorher unterschiedenen Determinationstypen I und II wollen wir ausschließlich als Charakteristikum der mathematischen Form physikalischer Theorien beibehalten, während die Unterscheidung dynamischer und statistischer Gesetze die Art der Zusammenhänge in der objektiven Realität, ihre Abbildung in den physikalischen Theorien und die daraus folgenden Möglichkeiten der Voraussage beinhalten soll. Der Sinn einer solchen Unterscheidung wird erst deutlich, wenn sich zeigt, daß in Theorien vom Determinationstyp I statistische Gesetze auftauchen können, ohne daß damit eine Reduktion statistischer Gesetze auf dynamische erfolgt ist. Im Determinationstyp I können unter bestimmten Bedingungen statistische Gesetze unvermeidbar sein (vgl. Kap. 4)!

[12]) Für EDDINGTON wurde die Religion mit dem Jahre 1927 dem wissenschaftlichen Verstand annehmbar, weil mit der Quantenmechanik die strenge Kausalität aufgegeben war. Tatsächlich wurde das mechanistische Verständnis der Kausalität verabschiedet, nach dem eine Ursache *notwendig* eine Wirkung hervorzubringen hat. Das jedoch hinderte den amerikanischen Theologen J. D. ARNOLD nicht zu verkünden, daß mit der Herrschaft statistischer Kausalität in der Mikrowelt unmittelbar göttliche Kausalität zum Tragen komme [NAUKI ..., 92]. Der italienische Thomist F. SELVAGGI beruft sich auf die Behauptungen einiger bürgerlicher Physiker über den Indeterminismus in den Mikroerscheinungen und erklärt, daß alle Erscheinungen der Welt von Gott abhängen, der die „absolute, allumfassende und vollständige Ursache" sei [SELVAGGI, 61]. Der amerikanische Theologe L. A. FOLEY schließlich faßt die physikalische Kausalität als sekundäre auf, die von der göttlichen Kausalität erschaffen sei: „Die Schöpfung setzt keinerlei materielle Ursache voraus" [FOLEY, 94]. Damit wird die bekannte thomistische Tradition fortgesetzt. Derartige „Schlußfolgerungen" aus der Quantentheorie stehen in direktem Zusammenhang mit der positivistischen Elimination der Kausalität seit COMTE, die in zahlreichen Schriften zur anglo-amerikanischen „Philosophy of Science" fortgesetzt wird und beispielweise in POPPERS „Offener Gesellschaft" gegen den historischen und dialektischen Materialismus gekehrt ist (vgl. dazu 1.2.].

[13]) Daß dies verschiedentlich auch von marxistisch-leninistischen Philosophen getan wurde, ist für RAPP Gelegenheit, den dialektischen Materialismus als metaphysischen zu verstehen [RAPP, 96—143]. Das wiederum zeigt RAPPS Unvermögen, das Wesen marxistisch-leninistischer Philosophie zu erfassen. Dies wird kaum dadurch gelingen, Fragen, die der gegenwärtigen philosophischen Forschung unterliegen, losgelöst von den Arbeiten der Klassiker, ihren allgemeinen philosophischen Aussagen und den Lehrbuchdarstellungen marxistisch-leninistischer Philosophie zu betrachten. Das gilt es auch im Hinblick auf das hier vorgelegte Buch zu betonen. Der naturwissenschaftlich gebildete Leser ohne marxistisch-leninistische Philosophiekenntnisse wird ihm hoffentlich einen Eindruck vom Vorgehen dieser Philosophie entnehmen. Es wäre aber falsch, würde er daraus schließen, er könne auf weitere Studien der marxistisch-leninistischen Philosophie verzichten, wenn er das Wesen dieser

Philosophie zu erfassen beabsichtigt, weil er darin — zu Recht — die theoretische Grundlage einer auch seinen Erfahrungen entsprechenden wissenschaftlichen Weltanschauung sieht.

14) Das hat P. RUBEN in überzeugender Weise nachgewiesen [Naturphilosophie, 15—65], [RUBEN, 1969].

Auch heute wird verschiedentlich noch behauptet, der mechanische Materialismus sei die der klassischen Mechanik entsprechende Philosophie, während die Notwendigkeit des Überganges zum dialektischen Materialismus durch Relativitätstheorie und Quantentheorie verursacht ist. Das wird hier auf das heftigste bestritten (vgl. auch 2.1.). Der rationelle Kern solcher Behauptungen besteht darin, daß dem Physiker bei ausschließlicher Kenntnis der klassischen Mechanik der mechanische Materialismus leicht als ausreichende philosophische Basis *erscheinen kann.*

15) HELMHOLTZ ist die zu erwähnende Ausnahme. — Mit der allgemeinen Ablehnung HEGELS ging gleichzeitig eine Geringschätzung theoretischer Forschung einher.

Das hatte u. a. J. R. MAYER mit seiner Arbeit zum Energieerhaltungssatz zu spüren. MAXWELLS Elektrodynamik wurde anfangs verschiedentlich mit der Begründung abgelehnt, das sei keine Physik. Die theoretische Physik mußte sich erst emanzipieren. Die NEWTONsche Mechanik wurde oft in empiristischer Enge gesehen. Dazu mag zweifelsohne NEWTONS „Hypotheses non fingo" beigetragen haben, mehr aber noch die Identifikation der mathematischen Strukturen innerhalb der physikalischen Theorie mit den Zusammenhängen der objektiven Realität selbst.

16) Diese Unterscheidung ist auch in der heutigen bürgerlichen Philosophie noch anzutreffen. Verschiedentlich wird sie positivistisch aufgehoben. Dann sind die in traditionell „geisteswissenschaftlichen" Disziplinen verwendeten mathematischen Strukturen mit den Zusammenhängen der objektiven Realität identifiziert. Methodisch unterscheidet sich das also nicht vom Vorgehen des mechanischen Materialismus in dieser Frage. Anwendung der Mathematik wird mit Ausschluß objektiver Dialektik gleichgesetzt. Wissenschaft reicht dort so weit, wie Dialektik ausgeschlossen bleibt.

17) Eine besondere Wertschätzung jener anderen Wissenschaften, die sich der Mathematik bedienen, läßt dieser Begriff nicht erkennen.

[18]) Auf die Spitze getrieben war das in HOLBACHS „Système de la Nature“ und in DE LA METTERIES „Der Mensch — eine Maschine“. HOLBACH beispielsweise schrieb: „In einer Natur, in der alles verbunden ist, in der alles handelt und reagiert, in der sich alles bewegt und ändert, sich zusammensetzt und zerlegt, sich bildet und zugrunde geht, gibt es kein Atom, das nicht eine wichtige und notwendige Rolle spielt, gibt es kein unmerkbares Molekül, das, in die geeignete Umgebung gebracht, nicht wunderbare Wirkungen erzeugt ... Zu viel Schärfe in der Galle eines Fanatikers, zu heißes Blut im Herzen des Eroberers, eine lästige Verdauungsstörung im Magen eines Monarchen, eine Phantasie, die durch den Geist einer Frau geht, sind hinreichende Ursachen um Kriege zu veranlassen ...“ (zit. nach [HÖRZ, 1974, 39]).

[19]) Die philosophisch-naturwissenschaftlichen Arbeiten von MARX und ENGELS sind ausführlich bei [REIPRICH] gewürdigt. Wie den 1968 in Moskau veröffentlichten „Mathematischen Manuskripten“ zu entnehmen ist, galt MARX' spezielles Interesse der Begründung der Differentialrechnung. ENGELS hatte die Situation durchaus real eingeschätzt, wenn er schrieb: „Wir sind dahin gekommen, daß die meisten Leute differenzieren und integrieren, nicht weil sie verstehn, was sie tun, sondern aus reinem Glauben, weil es bisher immer richtig herausgekommen ist“ [MEW 20, 81]. Diese Situation konnte MARX nicht befriedigen: „Es ist hier wie überall wichtig, der Wissenschaft den Schleier des Geheimnisvollen abzureißen“ [MARX, 1968, 192]. Die dabei von ihm angestellten Überlegungen, materialistische Dialektik in der Mathematik fruchtbar zu machen, sind bislang noch nicht ausgeschöpft.

[20]) Es muß angefügt werden, daß POPPER den „grundsätzlichsten Irrtum“ des KARL MARX nicht im Festhalten am Determinismus erblickt. MARX wurde nach POPPER „nicht so sehr durch die abstrakte Lehre des Determinismus auf Abwege geführt ... als vielmehr durch den praktischen Einfluß dieser Lehre auf seine Ideen von der wissenschaftlichen Methode sowie auf seine Ideen von den Zielen und Möglichkeiten einer Sozialwissenschaft. Die abstrakte Idee von ‚Ursachen‘, die ‚soziale Erscheinungen‘ bestimmen, ist als solche völlig harmlos, solange sie nicht zum Historizismus führt. Und es gibt wirklich keinen Grund, warum uns diese Idee veranlassen sollte, soziale Institutionen unter einem historizistischen Gesichtspunkt zu betrachten, *wo doch jedermann, die Deterministen eingeschlossen,*

mechanische und elektrische Maschinen von einem rein technologischen Gesichtspunkt aus betrachtet (Hervorhebung POPPER). Es gibt keinen Grund zu der Annahme, daß die Sozialwissenschaft als einzige unter allen Wissenschaften fähig sein sollte, den uralten Traum zu verwirklichen — uns zu enthüllen, was für uns in der Zukunft verborgen liegt. Dieser Glauben an die Möglichkeit wissenschaftlicher Wahrsagerei beruht nicht auf dem Determinismus allein; seine zweite Grundlage ist die Verwechslung zwischen einer *wissenschaftlichen Voraussage*, wie wir sie aus der Physik oder aus der Astronomie kennen, mit einer *anpsruchsvollen historischen Prophezeiung*, die uns in groben Linien die Haupttendenzen der zukünftigen Entwicklung der Gesellschaft erzählt. Diese beiden Arten des Vorhersagens sind grundsätzlich verschieden ... und die Wissenschaftlichkeit der ersten ist kein Argument zugunsten der zweiten" [POPPER, II, 107—108].

Diese „Begründung für das Elend des Historizismus" (Titel einer antikommunistischen Hetzschrift POPPERS) macht deutlich, daß ihr Autor Natur und Gesellschaft metaphysisch auseinanderreißt. Während er in der Natur Erkennbarkeit von Entwicklungsgesetzmäßigkeiten kaum noch übersehen kann, existieren diese für ihn in der Gesellschaft nicht bzw. sind auf ewig unerkennbar. Da muß es nicht verwundern, wenn Maschinen nur vom rein technologischen Standpunkt aus betrachtet werden, den er an anderer Stelle auf die Gesellschaft überträgt (zur Kritik solcher Auffassungen [CORNFORTH; LEY, MÜLLER; LEY; WESSEL, H.].

Vom Standpunkt marxistisch-leninistischer Philosophie hat die Technik auch Geschichte und entwickelt sich. Der technologische Gesichtspunkt ist nur ein Aspekt ihrer Betrachtung. Es ist heute durchaus kein hoffnungsloses Unterfangen, gesetzmäßige Beziehungen zwischen den bestimmenden Produktionsverhältnissen und dem Stand der Produktivkraftentwicklung (einschließlich der Technik) zu untersuchen. POPPER ist das verborgen geblieben, weil er den Marxismus-Leninismus mit „Wahrsagerei" verwechselt und dem „Glauben" gleichstellt. Das ist nun aber nicht die Schuld von Karl MARX sondern die seines oberflächlichen Lesers POPPER. In den nachfolgenden Kapiteln dieses Buches wird die Art der Voraussagen in der Physik näher untersucht werden, und dabei zeigt sich dann, daß sie mit denen des historischen Materialismus gar nicht so grundverschieden ist, wie POPPER — gestützt auf seine Legitimation als Wissenschaftstheoretiker und -logiker — glauben machen will.

[21]) Inwiefern physikalische Theorien objektive Entwicklungsprozesse abbilden, soll in einer späteren Arbeit untersucht werden. Die hier vorgenommene Beschränkung auf Bewegungsgesetze entspricht dem bisherigen Stand philosophischer Forschung [Hörz, 1974]. Sie stellt aber keine Einschränkung des dialektischen Charakters der zugrundeliegenden Determinismuskonzeption dar. Nur wer der Beschränkung auf Bewegungsgesetze der Physik entnehmen würde, daß es in der objektiven Realität keine Entwicklung gäbe, liefe Gefahr zu einer metaphysischen Determinismuskonzeption zu kommen. Es ist zu berücksichtigen, daß Bewegung die unabdingbare Voraussetzung von Entwicklung ist. „Beginnen mit dem Einfachsten, Gewöhnlichsten, Massenhaftesten" [LW 38, 340] ist ein legitimes Verfahren zur Erforschung objektiver Dialektik und gilt für jeden Forschungsprozeß. Es wird sich zeigen, daß dieses „Einfache" — die in physikalischen Theorien abgebildeten Bewegungen — durchaus viele Probleme mit sich bringt, die ihrer Lösung teilweise noch harren.

[22]) Unter den Bedingungen eines Gesetzes sei hier „die Gesamtheit der Objekte, Eigenschaften und Beziehungen (verstanden), die die im Gesetz enthaltene mögliche Beziehung verwirklichen" [Hörz, 1974, 125].

Anmerkungen zu Kapitel 2

[1]) Als Lehrbuchliteratur seien empfohlen [Landau; Liebscher; Macke; Sommerfeld].

Detailliertere Darstellungen finden sich in [Prinzipien der klassischen Mechanik ...; Hamel].

[2]) Daß das nicht notwendig eine Eigenschaft dieser Mechanik sein muß, hat bereits die 1755 erschienene „Allgemeine Naturgeschichte und Theorie des Himmels" von Kant angedeutet. Kant, für den in jeder Wissenschaft „nur so viel eigentliche Wissenschaft ... als darin Mathematik anzutreffen ist" [Kant, Werke 5, 14], versuchte eine der Newtonschen Mechanik entsprechende Theorie der Entstehung des Sonnensystems zu geben. Damit näherte er sich Fragestellungen, die heute noch diskutiert werden.

[3]) Vgl. 4.3., das ist die in Anmerkung[2]) erwähnte Frage Kants in modernisierter Form.

4) So hat beispielsweise OERSTEDTS Überzeugung von der Einheit aller Kräfte der Natur, die dem Gedankenkreis SCHELLINGscher Naturphilosophie entlehnt war, zweifelsohne keine untergeordnete Rolle bei der Formulierung der experimentell zu beantwortenden Frage nach der Wirkung eines elektrischen Stromes auf eine Kompaßnadel gespielt. Die durch OERSTEDTS Versuche ausgelöste Entwicklung der Elektrodynamik hingegen hat von der SCHELLINGschen Naturphilosophie weder direkt noch indirekt Notiz genommen [TRICKER, 21ff.].

5) Darin unterscheiden sich die Naturwissenschaften nicht so sehr von den Gesellschaftswissenschaften. MARX ging bei seiner politökonomischen Analyse des Kapitalismus ebenfalls von der Analyse des einfachsten in der bürgerlichen Gesellschaft zu beobachtenden Verhältnisses, dem Warenaustausch aus, um dann die darin gezeigten Widersprüche in ihrer Wirkung auf das gesamte Gesellschaftssystem zu untersuchen.

6) Dabei bleibt notwendig eine Reihe philosophisch relevanter Fragen unberücksichtigt. Dieser Mangel wird teilweise dadurch kompensiert, daß einige der entscheidenden erkenntnistheoretischen und methodologischen Probleme dieses Prozesses anhand der existierenden Theorie erörtert werden.

7) „Unter einem Modell wird ein ideell vorgestelltes oder materiell realisiertes System verstanden, daß das Forschungsobjekt widerspiegelt oder reproduziert und es so zu vertreten vermag, daß uns sein Studium neue Information über dieses Objekt vermittelt“ [STOFF, 32].

8) Bei der Analyse der Bedingungen wollen wir von den Begriffsbestimmungen ausgehen, die bei [HÖRZ, 1974a] im Anschluß an Arbeiten von KRÖBER zu finden sind.

9) Das NEWTONsche Bewegungsgesetz wird als Grundgesetz der Theorie behandelt. Bei NEWTON war es das 2. Axiom. Bekanntlich kann man die klassische Mechanik auch anders aufbauen. Ausgehend von Variationsprinzipien läßt sich die NEWTONsche Gleichung herleiten. Von besonderem Interesse ist dabei das Prinzip der kleinsten Wirkung, weil es so allgemein ist, daß aus ihm auch Grundgleichungen anderer physikalischer Theorien folgen, ein für die physikalische Determinismuskonzeption bedeutsamer Umstand. Unabhängig davon, ob man beim Aufbau der klassischen Mechanik von den nur für die klassische Mechanik gültigen differentiellen Variationsprinzipien, dem allgemeineren integralen Prinzip der kleinsten Wirkung oder der NEWTONschen Bewegungsgleichung als Grundgleichung

ausgeht, kommt man zu völlig äquivalenten Apparaten dieser Theorie, so daß der gewählte Ausgangspunkt keine unzulässige Einschränkung darstellt. Die Gleichung ist so geschrieben, daß sie auch im speziell-relativistischen Fall Gültigkeit behält, dessen Besonderheiten wir hier außer acht lassen wollen.

[10]) Daß die Anfangsbedingungen auch in anderer Kombination zweier voneinander unabhängiger Werte gegeben sein können, ist unerheblich.

[11]) Diese Bezeichnung begegnete uns bereits in den in 1.1. erwähnten Arbeiten von PLANCK und EXNER.

[12]) KRÖBER, der viel zur Entwicklung unserer Gesetzeskonzeption beigetragen hat, versteht beispielsweise unter „kausalen" Gesetzen einen notwendigen, allgemeinen, wesentlichen und invarianten Zusammenhang zwischen einer Klasse von Ursachen und der Klasse der Wirkungen [Der Gesetzesbegriff ...]. In der Physik haben derartige Gesetze dann vornehmlich die Form von Differentialgleichungen. Da es absolut nicht einzusehen wäre, warum man in der DIRAC- oder in der SCHRÖDINGER-Gleichung, den Grundgleichungen für die relativistische bzw. nichtrelativistische Quantenmechanik vom Typ

$$i\hbar \frac{\partial \varphi}{\partial \varphi} = \hat{H}\varphi,$$

beispielsweise die rechte Seite als Ursache und die linke als Wirkung bezeichnen soll, beschränkt sich KRÖBERS „vornehmlich" auf die Betrachtung der NEWTONschen Gleichung und könnte analog für die MAXWELLschen Gleichungen aufrecht erhalten werden.
Berücksichtigt man, daß physikalische Bewegungsgleichungen als Differentialgleichungen, die ihnen entsprechenden Extremalprinzipien in Integraldarstellung erfolgen können, wird die angeführte Unterscheidung problematisch. Aus „nichtkausalen" Extremalprinzipien folgen sowohl die „nichtkausalen" Erhaltungssätze als auch die „kausalen" Bewegungsgesetze. Der Sinn der Unterscheidung „kausaler" und „nichtkausaler" Gesetze geht verloren, wenn man betonen muß, daß die „kausalen" nur auf der Grundlage „nichtkausaler" Gesetze existieren. [KRÖBER, 1974, 493].

[13]) Das 1. NEWTONsche Axiom besagt, daß ein Körper sich so lange im Zustand der Ruhe oder der gleichförmigen Bewegung

befindet, wie keine äußeren Kräfte auf ihn einwirken. Sieht man dieses Axiom als selbständiges Axiom der klassischen Mechanik an, so liegt Berechtigung in der Auffassung, daß Kräfte Ursache einer Bewegungsänderung sind. Eine Diskussion um die Eigenständigkeit des 1. NEWTONschen Axioms soll nicht geführt werden. Es unterliegt jedoch keinem Zweifel, daß von einer Position, nach der das 1. NEWTONsche Axiom im 2. enthalten ist, die erörterten Probleme unbedingt auftreten.

[14]) Für die beiden untersuchten Aufgaben der klassischen Mechanik bedeutet das praktisch, daß in allen Situationen (charakterisiert durch die physikalische Aufgabenstellung, also durch die Art des Herauslösens bestimmter Ereignisse aus dem Zusammenhang, die Auflösung der Wechselwirkung und die isolierte Betrachtung einer Seite) objektive Ursachen objektive Wirkungen hervorbringen, daß aber Ursache und Wirkung in Abhängigkeit von der Situation ihre Plätze vertauschen. Insofern ist in der vorliegenden Fassung des NEWTONschen Gesetzes Kausalität widergespiegelt, aber auf keinen Fall im Sinne des mechanischen Materialismus, für den eine Ursache notwendig immer eine Wirkung hervorbringt, der Ursache (Kraft) und Wirkung (Bewegungsänderung) metaphysisch auseinanderreißt und eindeutig und unveränderlich bestimmt.

[15]) In der Physik werden die Diskussionen zur Kausalität auf zwei Ebenen geführt. Einerseits gibt es die Frage nach dem Stellenwert des physikalisch formulierten Kausalprinzips. So wird in der klassischen Elektrodynamik genauso wie von der überwiegenden Mehrzahl der Theoretiker auch in der Quantenelektrodynamik das physikalische Kausalitätsprinzip benutzt, um die sich aus der Lösung der entsprechenden Wellengleichungen anbietenden zwei Möglichkeiten (avancierte und retardierte Lösung im freien Fall) auf die retardierte Lösung einzuschränken. Die avancierte Lösung wird als unphysikalische ausgeschaltet (Wirkung früher als ihre Ursache). Andererseits wird immer wieder über die Rolle der Kausalität in den Gleichungen der theoretischen Physik diskutiert.

[16]) Die dabei erzielten Ergebnisse gelten für alle Theorien, die den Determinationstyp I zugrunde legen. Sie sind also auch für die MAXWELLsche Elektrodynamik und die phänomenologische Thermodynamik von Belang.

[17]) Die häufig vorgebrachten Einwände, daß mit diesem Prinzip versucht werde, verschiedene Abstraktionsniveaus mit-

einander zu verbinden, sind von [URSUL, 115] überzeugend entkräftet worden. Der physikalischen Entropie tritt hier die physikalische Informationsmenge entgegen und nicht die Informationsmenge im informationstheoretischen Sinne schlechthin. Mit solchen Betrachtungen ist die Frage nach der Rolle informationstheoretischer Überlegungen für die physikalische Forschung aufgeworfen, die gegenwärtig noch reichlich kontrovers diskutiert wird.

PIERCE, der in Übereinstimmung mit vielen Informationstheoretikern, die Hauptaufgabe dieser Wissenschaft darin sieht zu klären, „welche Einschränkungen auf die Effektivität der Kodierung bei Informationsübertragung in einem Kanal mit Rauschen auftreten“ [PIERCE, 231] macht darauf aufmerksam, daß weder physikalisch neue Ergebnisse mit dieser neuen Theorie erzielt worden seien, noch daß von der Physik die für die Informationstheorie gegenwärtig wesentlichsten Fragen beantwortet würden.

Andererseits gelingt es aber beispielsweise, wenn man diese Theorie als mathematische behandelt, statistische Ensembles für Nichtgleichgewichtsprozesse zu konstruieren (vgl. [ZUBAREV]). Unklar bleibt, ob diese und andere Erfolge nur auf der Basis der Informationstheorie zu erzielen sind.

Es hat in der Vergangenheit nicht an Versuchen gefehlt, die Informationstheorie genauso wie andere Wissenschaften als „Philosophieersatz“ zu behandeln, d. h. mit der Übersetzung philosophischer Termini in einzelwissenschaftliche Ausdrücke die zur Behandlung anstehenden philosophischen Fragen entweder zu verdecken oder als beantwortet zu erklären. Daß das keineswegs zu Lasten derjenigen gehen kann, die Informationstheorie entwickelt haben, sei durch SHANNON belegt:

„Die Suche nach Anwendungen der Informationstheorie in anderen Gebieten kann nicht auf eine triviale Übertragung von Termini aus einem Gebiet der Wissenschaft in ein anderes zurückgehen. Das läßt sich nur in einem langwierigen Prozeß des Aufstellens neuer Hypothesen und ihrer experimentellen Überprüfung bewerkstelligen“ [SHANNON, 668].

18) Das war eine der dem positivistischen Konzept des Wiener Kreises entsprechende These, die in verschiedenen Modifikationen vorgebracht wurde und teilweise von den Anhängern empiristischer Wissenschaftsmethodologie noch verkündet wird. (Eine umfangreiche Kritik gibt [NARSKI].) Dabei glaubt man sich in Übereinstimmung mit der Methode, die EINSTEIN

zur Revision der Raum-Zeit-Vorstellungen der NEWTONschen Physik geführt hatten. Unter diesem Eindruck schrieb beispielsweise HEISENBERG in seiner ersten Arbeit zur Quantenmechanik, daß es darum gehe, „einer der klassischen Mechanik analoge quantentheoretische Mechanik auszubilden, in welcher nur Beziehungen zwischen beobachtbaren Größen vorkommen" (zit. nach [LUDWIG, 1969, 195]). In seinen Memoiren schildert er die Verblüffung, als er im Anschluß an seinen Berliner Vortrag von EINSTEIN hören sollte: „Aber Sie glauben doch nicht im Ernst, daß man in eine physikalische Theorie nur beobachtbare Größen aufnehmen kann" [HEISENBERG, 1969, 91].

Welche Rolle u. U. der berühmte MICHELSONsche Versuch bei der Entstehung der speziellen Relativitätstheorie gespielt hat, wird durch Veröffentlichungen aus EINSTEINS Nachlaß angedeutet [HOLTON]. Gilt dieser Versuch heute in nahezu ausnahmslos allen Lehrbüchern als experimentelle Grundlage der Theorie, hat ihn EINSTEIN zur Zeit seiner Entstehung möglicherweise gar nicht gekannt, was in bezeichnender Weise neopositivistische Vorurteile über Theorienbildung aus der Welt schafft, nichts aber gegen die materialistische Abbildtheorie einwendet, sofern man diese als dialektische Einheit von Abbilden und Entwerfen im Rahmen einer durch experimentelle Daten, wissenschaftliche Theorien und Hypothesen vorgegebenen Situation auffaßt. Die Bedeutung der Gesamtheit dieser Faktoren ist von KUHN vorgeführt worden. EINSTEIN ging davon aus, daß die Transformationsgruppen der NEWTONschen Mechanik und der Elektrodynamik nicht übereinstimmen und kam in der speziellen Relativitätstheorie zur Überwindung dieses Widerspruchs.

19) Abstraktion ist immer ein Übergang von der Betrachtung *einzelner* Objekte zur Betrachtung von *Klassen* gleichartiger (äquivalenter) Objekte. Gleichartigkeit wird über eine mathematische Äquivalenzbeziehung festgestellt, die die Forderungen nach Identität, Kommutativität und Transitivität zu erfüllen hat.

MARX hatte ganz im Sinne moderner Mathematik und Logik das durch Abstraktion gewonnene Allgemeine als „durch Vergleichung herausgesonderte Gemeinsame" [MARX, Grundrisse ..., 7] bestimmt. „Durch die Übereinkunft, zwei Dinge *a*, *b* dann und nur dann als voneinander verschieden zu betrachten, wenn sie nicht der Äquivalenzbeziehung $a \sim b$ genügen, entsteht aus dem ursprünglichen ,durch Abstraktion' ein neuer Objektbereich" [WEYL, 24]. Wie gezeigt werden konnte, enthält der durch die Gültigkeit der klassisch-mechanischen Bewegungsgleichung konstituierte Objektbereich, immer auch solche Annahmen, die kein durch Vergleichen herausgesondertes Gemeinsames darstellen. Deshalb sind die abstrakten Strukturen dieser physikalischen Theorie objektiv-realen Zusammenhängen nicht notwendig isomorph.

[20]) Auf derartige Zusammenhänge verweist TREDER: „Mit dem mathematischen Formalismus in der Physik werden eine Anzahl von mathematischen Hypothesen übernommen, die — wie die Differenzierbarkeitshypothesen — an sich keine physikalische Bedeutung haben ... man kauft mit der Analysis eine Menge Dinge ein, die einfach zum Apparat gehören, denn man kauft eine vollständige Theorie ein. Es ist bekanntlich nicht so, daß man sich eine mathematische Theorie durch die einfache Abstraktion aus der Physik bastelt, sondern man nimmt vollständige mathematische Theorien in die Physik auf ...

Die erkenntnistheoretische Schwierigkeit ist, daß eine physikalische Theorie im Gewand einer mathematischen Theorie auftritt, also mit Allaussagen. Tatsächlich weiß aber jeder Physiker, daß keine physikalische Theorie den Anspruch erhebt, absolut wahr zu sein. Sie strebt vielmehr nur an, einen möglichst hohen objektiven Gehalt an relativen Wahrheiten zu besitzen. — Die Physik muß sich selbst distanzieren können von denjenigen Teilen der mathematischen Hilfsmittel, die keiner physikalischen Interpretation fähig und bedürftig sind" [Gesetz und Entwicklung ..., 23].

[21]) Das ist das einfachste Verfahren von der Näherung dynamischer Gesetze zu statistischen Gesetzen überzugehen. Dabei werden immer, die im Rahmen der dynamischen Gesetze als Begleitbedingungen auftretenden Störungen oder ein Teil der nichtspezifischen Wirkungsbedingungen zu spezifischen Wirkungsbedingungen. Es handelt sich um zwei verschiedene Verfahren die Dialektik von Notwendigkeit und Zufall in mathematischen Theorien abzubilden. Ähnlich den BORNschen Untersuchungen vorgehende Arbeiten liegen inzwischen in großer Zahl vor.

Beispielsweise baut COLLINS die Mechanik, Thermodynamik und Quantenmechanik direkt auf der Basis des statistischen Charakters der Meßgrößen auf. Dadurch sind alle Gesetze statistische Gesetze, ohne daß von vornherein entschieden wäre, ob ihnen möglicherweise dynamische zugrunde liegen. Die Aufgabe bestimmter Abstrakta (eindeutige Meßwerte physikalischer Größen) zugunsten anderer (Wahrscheinlichkeitsverteilung der Meßwerte) muß nicht wegen des direkten Hinweises auf die experimentellen Daten bereits als neopositivistisch charakterisiert werden, wenn klar bleibt, daß alle Abstrakta auf Annahmen beruhen, die nicht im Experiment bestätigt sind. Sie vermögen aber empirische Beziehungen abzubilden. Die den experimentellen Verhältnissen näher kommenden Abstrakta (Wahrscheinlichkeitsverteilung) gestatten es u. U. tatsächlich adäquatere Widerspiegelungen zu liefern. Das kann aber erst entschieden werden, wenn die Konsequenzen ihrer Annahme klar sind. Um zum Wesen höherer Ordnung vorzudringen, muß dieser Weg nicht notwendig sein. Er ist aber nicht ausgeschlossen und durchaus theoretisch sinnvoll.

[22]) Vgl. [Hoering; Jauch, 1973].

[23]) Das hatte 1955 die Diskussionen in den „Physikalischen Blättern" nach Vorabdruck der Bornschen Überlegungen ausgelöst. M. v. Laue erklärte damals, was von Born nie bestritten wurde: „Aber die klassische Physik glaubt nun einmal ... an eine objektiv vorhandene physikalische Welt." Unverständlich blieb seine Behauptung: „Die genauen Werte sind eben physikalische Realitäten und unabhängig davon, was Menschen über sie wissen. Daß diese Realitäten den ganzen Ablauf der Bewegung eindeutig bestimmen, das ist der Determinismus der klassischen Physik" [v. Laue, 1955, 269].

Laue identifizierte die Strukturen der klassischen Mechanik mit „physikalischen Realitäten". Hier war gezeigt worden, daß das aber keine erfahrbaren Realitäten sind und deshalb auch die Bornsche Fassung der klassischen Mechanik zulässig ist. Born hat die Ursache für den mechanischen Materialismus und seiner Determinismuskonzeption in der „im vorigen Jahrhundert üblichen Identifizierung der physikalischen Welt mit dem mathematischen Kontinuum" gesehen und in diesem Zusammenhang an die von Felix Klein geforderte Aproxiomationsmathematik für die Physik erinnert [Born, 1958, 373].

Die philosophischen Auffassungen Borns sind von H. Vogel einer kritischen marxistisch-leninistischen Würdigung unterzogen worden, in der zur Bornschen Determinismusauffassung weitere Ausführungen enthalten sind [Vogel].

Anmerkungen zu Kapitel 3

[1]) Der Raum L_2 ist ein Funktionalraum aller nach LEBESGUE quadratisch integrierbaren Funktionen.

[2]) Interessante Ausführungen zu diesen den Physikern wenig bekannten Funktionen kann man bei [MANGOLDT, KNOPP; 56–63] finden. Insbesondere wird dort klar, wie derartige Kurven durch differenzierbare approximierbar sind.

[3]) Trotzdem von Philosophen immer wieder betont wird, daß die Quantenmechanik heute noch nicht zum „Hinterland" der Diskussionen philosophischer Fragen der Physik gehört, hat diese Formulierung der Quantenmechanik in der einschlägigen sowjetischen Literatur eine relativ geringe Rolle gespielt und ist in der Literatur der DDR meines Wissens überhaupt noch nicht diskutiert worden. Ich beschränke mich hier ausschließlich auf die für die Bewegungsauffassung wesentlichen Fragen, ohne auf alle diskussionswürdigen Aspekte dieser physikalisch als auch philosophisch interessanten Theorien einzugehen.

[4]) Hier sei auf folgende Lehrbücher verwiesen, in denen diese Problematik ausreichend behandelt ist: [BLOCHINZEV; DAWYDOV; FICK; LANDAU; MACKE; SOKOLOV; u. a.].

Die philosophischen Probleme der Theorie sind ausführlich erörtert in: [HÖRZ, 1964, 1966, 1971; Filozofskie voprosy kvantovoi fiziki; u. a.].

[5]) Der HILBERT-Raum ist ein komplexer Vektorraum, dessen Eigenschaften ebenso wie die der hermiteschen Operatoren der Spezialliteratur zur Quantenmechanik zu entnehmen sind (vgl. Fußnote 4).

[6]) Die teilweise sehr heftig geführten Diskussionen aus der Anfangsphase der Entwicklung dieser Theorie kamen sicher auch deshalb zustande, weil diese Seite von ihren Anhängern verständlicherweise zunächst überbetont und von ihren Gegnern als Argument gegen die Theorie ins Feld geführt wurde. Über 200 Jahre erfolgreiche Anwendung der klassischen Mechanik, philosophisch oft mit Materialismus identifiziert, standen gegen eine Theorie, um deren Interpretation heute noch gestritten wird; die von einer Reihe ihrer Schöpfer und Anhänger als Sieg des Idealismus über den Materialismus verstanden wurde. In dieser Phase erlangte philosophische Klarheit fundamentale Bedeutung und verliert sie bis auf den heutigen Tag nicht. Die Quantenmechanik geht ebenso von der

Anerkennung des philosophischen Materialismus aus wie die klassische Mechanik. Nur darf dieser Materialismus nicht mit mechanischem identifiziert werden. Dann erübrigen sich die weltanschaulichen Einwände gegen die Quantenmechanik. Es bleiben aber die erkenntnistheoretischen und methodologischen Probleme ihrer Interpretation und Entwicklung.

[7]) Dazu sind vor allen Dingen gruppentheoretische Ansätze, die Theorie der S-Matrix u. a. zu nennen. In dieser Arbeit werden die Probleme des Determinismus in der Physik anhand der grundlegenden Bewegungsgesetze und des Komplexes ihrer Wirkungsbedingungen behandelt. Damit wird zweifelsohne die für die gegenwärtige Physik bedeutsamste Form des Zusammenhanges erfaßt. Es darf aber nicht vergessen werden, daß es noch andere Zusammenhangsformen in den physikalischen Theorien gibt, deren Analyse ebenfalls zu philosophischen Verallgemeinerungen führt (vgl. [Polikarov, 1973]).

[8]) Das ist ausführlich von [Hörz, 1971] behandelt worden.

[9]) Dabei ist der Aufbau der statistischen Physik auf der Basis der klassischen Mechanik gemeint. Hier treten alle prinzipiellen Besonderheiten dieser Theorie bereits in klarer Weise hervor. Die Einschaltung der Quantenmechanik ist zwar aus Vollständigkeitsgründen wünschenswert, wirft aber zusätzliche Probleme auf, wie den Ausführungen in 4.3. zu entnehmen ist.

Anmerkungen zu Kapitel 4

[1]) Als Lehrbuchdarstellungen seien empfohlen [Landau; Liebscher; Macke; Sommerfeld]. Eine ausführlichere Darstellung des Gesamtproblems findet sich in [Prinzipien der Thermodynamik und Statistik].

[2]) Eine ausführliche Darstellung der Entwicklung der phänomenologischen und statistischen Thermodynamik findet sich bei [Gel'fer; Münster].

[3]) Vgl. dazu [Bernal; Boltzmann; Planck; Spaski].

[4]) Die Boltzmannsche Atomhypothese ist als eine weltanschaulich, erkenntnistheoretisch und methodologisch gleichermaßen bedeutsame Errungenschaft der statistischen Physik anzusehen. Sie war insbesondere geeignet, die für den mechanischen Materialismus charakteristischen Vorstellungen von der Stetigkeit aller physikalischen Meßgrößen in Frage zu stellen, die bekanntlich durch die Identifikation der in den Bewegungsgleichungen vom Determinationstyp I fixierten abstrakten

Größen mit objektiv — realen Eigenschaften und Zusammenhängen der Objekte zustande kam. Die BOLTZMANNsche und die PLANCKsche Hypothese ebneten den Weg zur Erkenntnis, daß derartige Größen lediglich eine mathematische Möglichkeit zur Abbildung objektiver Sachverhalte darstellen, denen zweifelsohne bestimmte Grenzen in den jeweiligen Objekten selbst gesetzt sind. Eine andere, bis dahin vernachlässigte mathematische Möglichkeit zur Abbildung objektiv — realer Eigenschaften und Zusammenhänge sind die inzwischen in nahezu allen Bereichen verwendeten diskreten Größen. Es zeigt sich, daß beide mathematischen Möglichkeiten unter bestimmten Bedingungen physikalisch notwendig unter anderen jedoch physikalisch möglich sind. In keinem Falle ist daraus zu schlußfolgern, daß die so abgebildeten Eigenschaften und Zusammenhänge in der objektiven Realität selbst mit dieser mathematischen Struktur identisch sind. Derartige Größen sind geeignet allgemein-notwendige und wesentliche Zusammenhänge der objektiven Realität unter angebbaren Bedingungen näherungsweise abzubilden.

5) Dabei ist gefragt, ob die Quantenstatistik ohne zusätzliche Annahmen zu denen der Quantenmechanik aufgebaut werden kann, was wahrscheinlichkeitstheoretisch auf Grund der statistischen Interpretation der ψ-Funktion nicht auszuschließen, bislang aber praktisch nirgends erreicht worden ist (vgl. [EBELING u. a. 1970]).

6) Die physikalisch unterschiedenen Strukturniveaus werden also in einen funktionalen Zusammenhang gebracht.

7) Aus technischen Gründen geht man nicht von der Bewegungsgleichung in der NEWTONschen Form aus, sondern legt die HAMILTONsche zugrunde.

8) HABERDITZEL, EBELING u. a. verweisen darauf, daß im Verhältnis von Quantenphysik und Chemie die Dinge ähnlich liegen. Sicher ist auch die entsprechende These für das Verhältnis von Biologie und Chemie zutreffend.

9) Das wird häufig als Nulltheorem bezeichnet und ist wie die drei Hauptsätze ein über empirische Regeln gewonnenes Gesetz.

10) Das trifft auch auf das quantenmechanische Bewegungsgesetz zu. Die damit im Zusammenhang stehenden Probleme sind bei [EBELING u. a. 1970] behandelt.

11) Wie MÜNSTER treffend bemerkt, war von BOLTZMANN „Ensembletheorie“ als mathematischer Trick eingeführt,

während sie in der auch von BOLTZMANN sehr geschätzten aber wenig gelesenen GIBBSschen Arbeit [GIBBS, 1902] zur Methode der statistischen Physik wurde, die von der Form der Mikromechanik unabhängig ist [BOLTZMANN, 355].

[12]) Bezüglich dieser Wahrscheinlichkeitsverteilung werden eine Reihe von Annahmen gemacht [KURTH, 19]. Sie charakterisieren die entsprechende statistische Bewegungsauffassung in klassischen thermodynamischen Systemen.

[13]) Hier wird erstmalig explizit die Annahme großer N benutzt (V-Volumen). — Der dritte Hauptsatz der Thermodynamik ist ausschließlich quantenstatistisch begründbar.

[14]) Hier sollen die entsprechenden Dichteverteilungen für unterschiedliche Ensembles nicht angeführt werden, da der konkrete Ausdruck für das weitere im betrachteten Zusammenhang bedeutungslos ist [UHLENBECK, 1971].

Sie lassen sich auch informationstheoretisch konstruieren. Dabei wird aber die „Begründungsproblematik" umgangen [JAYNES; ZUBAREV]. Es wird die Ansicht reproduziert, nach der die Gesetze der statistischen Thermodynamik unvollständige Informationen sind, was vom Standpunkt der zugrundegelegten Mikromechanik berechtigt scheint, aber nichts über die Eigenständigkeit der statistischen Theorie aussagt.

[15]) Die betrachteten thermodynamischen Prozesse sind dadurch charakterisiert, daß jeder Zustand als Gleichgewichtszustand anzusehen ist. Das heißt die Relaxationszeiten sind sehr viel kleiner als die charakteristischen Zeiten der Prozesse.

[16]) Neuere sowjetische Arbeiten deuten an, daß sich das im Zusammenhang mit der Theorie stochastischer Instabilität in nichtlinearen dynamischen Systemen ändern könnte [ZASLAVSKI; ČIRIKOV] (vgl. 4.3.).

[17]) Vom Standpunkt der Physik war die mathematische Entwicklung lange Zeit einer Scheinlösung des Problems ähnlich. Es gab eine ständige Problemverlagerung. (Ergodenhypothese → Quasiergodenhypothese → modifizierte Ergodenhypothese → metrische Transivität). Ein Ende war nicht abzusehen. Das provozierte einen anderen Entwicklungsweg, der in 4.1.2. mit der Herleitung allgemeiner kinetischer Gleichungen aus der LIOUVILLEschen Gleichung angedeutet ist.

[18]) Wegen der Schwierigkeiten bei der Begründung der Ergodenhypothese ist oftmals geschlußfolgert worden, die statistische Thermodynamik müsse unabhängig von dieser Hypothese formuliert werden [LANDAU, PAULI, 1954; u. a.]. Ein solcher

Aufbau ist bekanntlich möglich. Mises hat einen „reinen" wahrscheinlichkeitstheoretischen Ergodensatz gegeben, der allerdings das Verhältnis dynamischer und statistischer Gesetze nicht aufklärt, sondern das Primat der dynamischen durch das der statistischen ersetzt und an die Stelle des Determinationstyps I den Determinationstyp II setzt. Ein solcher Aufbau der statistischen Physik auf der Basis der Bornschen Bewegungsauffassung wird in 4.2. behandelt.

19) Während die Thermodynamik des Quasigleichgewichts als axiomatisierte Theorie vorliegt und ihre theoretische Begründung in der statistischen Thermodynamik erfährt, zeichnet sich die phänomenologische Thermodynamik des Nichtgleichgewichts durch eine Vielzahl offener Probleme aus und harrt noch ihrer theoretischen Begründung in der statistischen Thermodynamik des Nichtgleichgewichts. Als Nichtgleichgewichtszustand eines thermodynamischen Systems sieht man alle vom vollständigen thermodynamischen Gleichgewicht abweichenden Zustände an. Nichtgleichgewichtsprozesse schließen Nichtgleichgewichtszustände ein. Nichtgleichgewichtsprozesse sind irreversibel [Chester].

Diese Theorie hat Transportprobleme (Energie, Impuls, Teilchen) in verschiedenen physikalischen Systemen (Gasen, Flüssigkeiten, festen Körpern und Plasmen) zu untersuchen. In ihr müßten die Beziehungen der Nichtgleichgewichtsthermodynamik aus den mechanischen Grundgleichungen und zusätzlichen Annahmen bzw. prinzipiell statistischen Ansätzen gewonnen, die kinetischen Koeffizienten aus mikrophysikalischen Charakteristika bestimmt und ihre Symmetrieeigenschaften begründet werden, sowie die Fluktuations-Dissipationstheoreme folgen.

Callen und Welton sprachen 1951 erstmalig die Vermutung aus, daß die Gibbssche Methode statistischer Ensembles auf den Fall thermodynamischer Nichtgleichgewichtszustände übertragbar seien. Zubarev hat 1971 den ersten Versuch unternommen, auf dieser Basis eine einheitliche statistische Thermodynamik des Nichtgleichgewichts zu formulieren, um so die Vielfalt der möglichen Ansätze der Theorie zu überwinden. Jeder „Versuch, die bisher erzielten Ergebnisse zusammenzufassen" ist in einer Situation, in der nahezu alle qualitativ unterschiedenen Abweichungen vom Gleichgewicht mit einer eigenen Theorie behandelt werden, ein höchst aufschlußreiches Unterfangen. Die Bedeutung einer solchen Theorie dürfte einer einheitlichen Elementarteilchentheorie kaum nachstehen. Beide sind gegenwärtig durch den gleichen Grad an Unsicherheit über ihre prinzipielle Möglichkeit charakterisiert, während die Vielfalt der theoretischen Ansätze verwirrend erscheint.

Zubarev geht ausdrücklich von dem allgemein üblichen Standpunkt des Zusammenhangs mikrophysikalischer und makrophysikalischer Größen aus, nach dem die Gesetze des Systems die der konstituierenden Untersysteme nicht modifizieren. Er postuliert die Gültigkeit der quantenmechanischen bzw. klassisch-mechanischen Bewegungsgleichung und betrachtet nur Systeme, die aus einer großen Teilchenzahl bestehen [Zubarev, 10].

Traditionell sieht man Nichtgleichgewichtszustände als Reaktion des Systems auf äußere Störungen an. Die Wechselwirkung mit der Umwelt bezieht man über Störungen mit ein und erhält so ein neues geschlossenes System. Diesem Aufbau sind die für jede Störungstheorie gesetzten Grenzen inhärent.

20) Das trifft sowohl für dynamische als auch für statistische Gesetze zu. Bei letzteren ergeben sich daraus den Natur- und Gesellschaftswissenschaften gemeinsame Schwierigkeiten. In der Physik hat man die traditionsbedingte Vorstellung von der „Genauigkeit" der Newtonschen Gleichung zu überwinden, die in der Regel relativ unabhängig von ihrem Gültigkeitsbereich proklamiert wird und beispielsweise als undiskutierte Voraussetzung in die statistische Thermodynamik eingebracht ist. In den Gesellschaftswissenschaften hat man die Vorbehalte gegen Mögliches als Gegenstand wissenschaftlicher Betrachtung auszuschalten, die immer darauf basieren, daß man das gegenwärtig Wirkliche völlig undialektisch als das einzig Mögliche ansieht.

Philosophie hat nach Marx als wissenschaftliche Weltanschauung der Arbeiterklasse die Welt nicht nur zu interpretieren, sondern zu verändern.

Mögliches wirklich zu machen, setzt Erkenntnis der Möglichkeiten und der wesentlichen Bedingungen ihrer Verwirklichung voraus. Mögliches ist also Gegenstand wissenschaftlicher Theorien, die zu klären haben, unter welchen Bedingungen bestimmte Möglichkeiten notwendig oder mit großer Wahrscheinlichkeit Wirklichkeit werden.

21) Das war ein schwerwiegendes Argument, wird doch die Theorie oft als „mechanische Theorie eines aus Atomen bestehenden

Einzelsystems (angesehen), welche die vollständige Lösung der Bewegungsgleichungen durch Benutzung wahrscheinlichkeitstheoretischer Begriffe und Überlegungen umgeht“ [MÜNSTER, 188].

Heute muß dieses Ergebnis der verdienstvollen Arbeit des früh verstorbenen N. S. KRYLOV wahrscheinlich korrigiert werden. Auf einige Ergebnisse, die in Fortführung dieser Arbeiten erzielt wurden, ist in 4.3. verwiesen.

[22]) Das System wäre also im Gleichgewicht durch die kanonische Gesamtheit repräsentiert.

[23]) Gl. (10) ist also einem System von N Gleichungen des Typs der Gl. (1) äquivalent.

[24]) BOLTZMANN hatte die erste, nach ihm benannte kinetische Gleichung entwickelt, die nur Binärstöße berücksichtigt und Korrelationen der dynamischen Zustände ausschließt. Sein H-Theorem ist bei der Lösung dieser Gleichung aufgestellt, die heute in der kinetischen Theorie von fundamentaler Bedeutung ist. Sie besitzt aber den Nachteil, nichts über ihre Grenzen auszusagen und kaum verallgemeinerungsfähig zu sein. Zumindest ist es bis heute niemandem gelungen, die in dichteren Medien zweifelsohne bedeutungsvollen Dreierstöße auf diesem Wege einzuschalten.

[25]) CHESTER diskutiert, inwiefern diese Annahmen logisch unabhängig sind [CHESTER, 268]. Die Frage bleibt nach wie vor offen, hat aber keinen Einfluß auf die weiteren Erörterungen.

[26]) Diese makrophysikalischen Größen sind dabei immer gemittelte mikrophysikalische, beispielsweise

$$n(\boldsymbol{v}, t) = \frac{N}{V} \int F_1(\boldsymbol{v}, \boldsymbol{p}, t)\, \mathrm{d}\boldsymbol{p}$$

und genügen makrophysikalischen Gleichungen.

[27]) Hier wird darauf verzichtet, konkrete kinetische Gleichungen anzugeben, weil in diesem Zusammenhang eine Reihe sehr spezieller physikalischer Probleme zu erörtern wären, die für unsere Zwecke ohne Bedeutung sind. Es sei auf die Spezialliteratur verwiesen [UHLENBECK].

Es geht darum, anhand eines Verfahrens zur Herleitung statistischer Bewegungsgesetze für Makrosysteme aus dem mikrophysikalischen dynamischen Bewegungsgesetzen den Charakter der dabei zu machenden Annahmen zu demonstrieren.

[28]) Das ist dann analog zum Verfahren, das auf der Boltzmann-Gleichung basiert. Hier wird diese Gleichung selbst unter bestimmten Bedingungen erhalten, genauso aber sind auch allgemeinere Gleichungen herleitbar.

[29]) Bei nichtlinearen Schwingungen ist die Frequenz von der Amplitude abhängig, was zu einer Vielzahl möglicher Instabilitäten führt.

Im weiteren werden die von Born erzielten Ergebnisse (vgl. 2.3.), die ebenfalls Stabilitätsbetrachtungen klassisch-mechanischer Bewegungen entsprangen, auf Grund präziser mathematischer Verfahren erhärtet. Auf die mathematischen Besonderheiten soll dabei wieder weniger Wert gelegt werden als auf die prinzipiellen Resultate.

[30]) Kleine Störungen der Anfangsbedingungen verursachen kleine Schwingungen um die nichtgestörten Lösungen, die weder anwachsen noch gedämpft werden. Beliebige nicht berücksichtigte Faktoren überführen diesen Stabilitätstyp in Instabilität.

[31]) Das Dreikörperproblem gehört trotz großer Fortschritte noch zu den ungelösten Problemen.

[32]) Die mathematisch exakte Formulierung für stetige und diskrete Zeit findet sich bei [Anosov, Sinai, 1967].

[33]) Dieser Fakt ist recht bedeutungsvoll für die Diskussion des Verhältnisses dynamischer und statistischer Gesetze. Zum anderen muß man beachten, daß bei der physikalischen Beschreibung der Welt als Ganzem die Gravitationskräfte eine zentrale Rolle spielen. Wenn es in der gewöhnlichen Makrophysik gelingt, mit der Newtonschen Näherung auszukommen, so benötigt man bei globalen Betrachtungen die allgemein-relativistische Gravitationstheorie. Gegenwärtig werden verstärkt lokale Folgen dieser globalen Theorie untersucht. So sind einige Theoretiker der Auffassung, daß die Irreversibilität statistischer Bewegungsgesetze und damit die Gerichtetheit der Zeit aus dem kosmologischen Modell des expandierenden Weltalls zu begründen sei.

Dagegen lassen sich aber eine Reihe von Einwänden vortragen (vgl. [Treder]). Klar ist, daß wegen der Möglichkeit eines Gravitationskollapses, mit dem die Entwicklung des gesamten Weltalls als auch einzelner genügend massereicher Sterne beendet wäre, ein thermodynamischer Gleichgewichtszustand für gravitierende Systeme ausgeschlossen bleibt. Damit fällt das Problem des „Wärmetodes“ des Weltalls. Jener Zustand, dem das Weltall zustreben soll, existiert nicht

[Zeldovič, Novikov, 638–640]. Alle kosmologischen Fluktuationstheorien sind hinfällig, in denen die Möglichkeit der Verletzung thermodynamischer Gesetze in kosmologischen Maßstäben behandelt wurden.

Auf weitere interessante Besonderheiten der Determination kosmologischer Prozesse kann hier nicht näher eingegangen werden. So haben Prigogine, Severne beispielsweise gezeigt, daß sich für Systeme mit Graviationswechselwirkungen die Entropie nicht definieren läßt. Wegen der Unmöglichkeit, einen globalen Energieerhaltungssatz zu formulieren, läßt sich auch die Energie nicht bestimmen [Treder; Schmutzer]. Diese und andere Schwierigkeiten deuten aber nicht darauf hin, daß für den Kosmos der Determinismus zur überflüssigen philosophischen Forderung würde. Auch für den Kosmos insgesamt lassen sich Gesetze formulieren, die allgemein-notwendige und wesentliche Zusammenhänge darstellen. Ob bereits die Einsteinschen Feldgleichungen ausreichen, muß die Zukunft zeigen. Zweifelsohne sind die Konsequenzen der allgemeinen Relativitätstheorie heute noch nicht ausgeschöpft. Sowohl die Versuche ihrer Weiterentwicklung als auch die Aufklärung all ihrer Konsequenzen werden entscheidend dazu beitragen, unser physikalisches Weltbild zu präzisieren und dabei neue Einsichten in die objektiven Zusammenhangsformen über philosophische Verallgemeinerungen zu gewinnen.

Literaturverzeichnis

ADRIOVIČ, PODGORECKIJ, Žurnal èksperimentalnoj i teoretičeskoj fiziki **26**, 150, 1954.

ALBRECHT u. a., Streitbarer Materialismus und gegenwärtige Naturwissenschaft, Akademie-Verlag, Berlin 1974.

ANOSOV, SINAI, Uspechi matematičeskich nauk XXII, 5 (137), 1967.

ANTIPENKO, L. G., Problema fizičeskoj realnosti, Nauka, Moskva 1973.

AYERS, M. R., The refutation of determinism, Methuen, London 1968.

BELL, J. S., Physics **1**, 195, 1965.

BELLMANN, R., Verschiedene Typen von Gesetzen der Wissenschaft. Phil. Diss. Berlin 1964.

BERNAL, Die Wissenschaft in der Geschichte, VEB Deutscher Verlag der Wissenschaften, Berlin 1967.

BERNŠTEJN, N. S., O zavisimosti meždu slučajnymi veličinami, in: Sobranije sočinenij, t. IV, 235–255, Moskva.

BIRKHOFF, G. D., Dynamical systems, New York 1927.

BIRKHOFF, G. D., NEUMANN, J. v., Annals of Math. **37**, 823–843, 1936.

BLOCHINCEV, D. I., Prostranstvo i vremja v mikromire, Nauka, Moskva 1970. Grundlagen der Quantenmechanik, VEB Deutscher Verlag der Wissenschaften, Berlin 1967.

BOGOLJUBOV, N. N., Problemy dinamičeskoj teorii v statističeskoj fizike, in: Izbrannye trudy, II, Naukowa dumka, Kiev 1970.

BOHM, D., Quantum Theory, Prentice — Hall. INC. New York 1952. Causality and chance in modern physics, Routledge & Kegan Paul, London 1957.

BOHR, N., Die Naturwissenschaften **18**, 4, 73–78, 1930. Atomphysik und menschliche Erkenntnis, Vieweg, Braunschweig 1964.

BOLTZMANN, L., Populäre Schriften, Ambrosius Barth. Leipzig 1905. Zs. f. Physik **153**, 372–388, 1958.

BORN, M., Phys. Bl. 1955, 49–54.

Physik im Wandel meiner Zeit, Akademie-Verlag, Berlin 1957.
Experiment und Theorie in der Physik, Physik-Verlag, Mosbach 1969.

BRIDGMAN, P. W., The Logic of Modern Physics, 1927.
The Nature of some of our Physical Concepts, 1952.

BRILLOUIN, L., Science and Information Theory, Academic Press, New York 1956.
Scientific Uncertainly and Information, Academic Press, New York, London 1964.

DE BROGLIE, L., Foundations of Physics 1, 1, 5–15, 1970.

BRUSH, S. G., Kinetische Theorie, Bd. I/II, Akademie-Verlag, Berlin 1970.

BUNGE, M., Causality, Harvard Univ. Pr., Cambridge, Mass. 1959.

CALLEN, H. B., WELTON, T. A., Phys. Rev. **83**, 34, 1951.

CARNAP, R., Einführung in die Philosophie der Naturwissenschaft, Nymphenburger Verlagshandlung 1969.
Induktive Logik und Wahrscheinlichkeit, Springer Verlag, Berlin, Heidelberg, New York 1958.

CASSIRER, Determinismus und Indeterminismus in der modernen Physik, 1937.

Cechmistro, I. Z., Dialektika množestvennogo i edinogo, kvantovye svojstva mira kak nedelimogo zelogo, Mysl, Moskva 1972.

CHESTER, G. V., The Theory of Irreversible Processes, russ. Übers., Nauka, Moskva 1966.

CHEW, G. F., GELL-MANN, ROSENFELD, Uspechi fizičeskich nauk **83**, 4, 695–727, 1964.

CHINTSCHIN, A. J., Mathematische Grundlagen der Statistischen Mechanik, Bibliographisches Institut, Mannheim 1964.
Mathematische Grundlagen der Quantenstatistik, Akademie-Verlag, Berlin 1956.

ČIRIKOV, B. V., Wiss. Zs. HU, Math.-nat. R. XXIV, 2, 1975.
Research concerning the Theory of non-linear Resonance and Stochasticity, Novosibirsk 1969, CERN Trans. 71-40.

CLAUSER, HORNE, SHIMONY and HOLT, Phys. Rev. Letters **23**, 880, 1969.

COLLINS, R. E., Phys. Rev. **183**, 1081, 1969.
Phys. Rev. D **2**, 4, 658–673, 1970.
Pure and Appl. Chem. **22**, 3–4, 393–400, 1970.

COMTE, Rede über den Geist des Positivismus, Meiner, Hamburg 1966.

CORNFORTH, M., Marxistische Wissenschaft und antimarxistisches Dogma, Verlag Marxistische Blätter, Frankfurt/M. 1973.

CZUBER-BURKHARDT, Die statistischen Forschungsmethoden, Seidel & Sohn, Wien 1938.

DARWIN, Phil. Mag. **44**, 450, 1920.

DAWYDOW, A. S., Quantenmechanik, VEB Deutscher Verlag der Wissenschaften, Berlin 1972.

DEL-NEGRO, Konvergenzen in der Gegenwartsphilosophie und die moderne Physik, Duncker & Humblot, Berlin 1970.

Determinismus und Gesetzmäßigkeit in der modernen Naturwissenschaft, Wiss. Zs. d. HU, Math. -nat. R. XII, 3, 1963.

Dialektik in der modernen Naturwissenschaft, Akademie-Verlag, Berlin 1973.

DIJKSTERHUIS, E. J., Die Mechanisierung des Weltbildes, Springer Verlag, Berlin – Göttingen – Heidelberg 1956.

DIRAC, P. A. M., Phys. Today **23**, 4, 29, 1970.
Die Naturwissenschaften **60**, 12, 529–531, 1973.

DÜRR, H. P., Die Naturwissenschaften **60**, 6, 274–280, 1973.

EBELING, W., Wiss. Zs. Univ. Rostock **13**, 1, 185–191, 1964.

EBELING, KREMP, PARTHEY, ULBRICHT, Wiss. Z. Uni. Rostock, 1970/1, 127–138 (Ges.-sprachw. R.).

EHRENFEST, P. u. T., Begriffliche Grundlagen der Statistischen Auffassung in der Mechanik, Enzyc. d. Math. Wiss. IV, 1912.

EIGEN, M., Die Naturwissenschaften **58**, 10, 465–523, 1971.

EINSTEIN, A., Ann. Phys. **17**, 549–560, 1905; **19**, 371–381, 1906; Mein Weltbild, Ullstein, Frankfurt/M. 1972.

EINSTEIN, BORN, Briefwechsel. 1916–1955. Nymphenburger Verlagshandlung, München 1969.

ENGELS, F., Anti-Dühring, MEW 20. Dialektik der Natur, MEW 20.
Ludwig Feuerbach und der Ausgang der klassischen deutschen Philosophie, NEW 21. Dietz Verlag, Berlin 1973.

ERPENBECK, RÖSEBERG, WIFO **24** (1974) 6, 265–269.

EXNER, F., Vorlesungen über die Physikalischen Grundlagen der Naturwissenschaften, F. Deuticke, Wien 1919.

FALK, G., Theoretische Physik auf der Grundlage einer allgemeinen Dynamik, I/II, Springer-Verlag, Berlin, Heidelberg, New York 1966/1968.

FEVRIER, P., Determinisme et indéterminisme, Paris 1955.

FEYERABEND, P. K., Neue Hefte für Philosophie, 2/3, 124–171.

FEYNMAN, R., The Character of Physical Law, Cox and Wyman Ltd., London 1965.

FEYNMAN, R., HIBBS, A., Quantum Mechanics and Path Integrals, russ. Übers.: Mir, Moskva 1968.

FICK, E., Einführung in die Grundlagen der Quantentheorie, Geest & Portig, Leipzig 1968.

Filosofskie voprosy kvantovoj fiziki, Nauka, Moskva 1970.

Fizičeskaja nauka i filosofija, Nauka, Moskva 1973.

FOLEY, L. A., Cosmology philosophical and scientific, Milwaukee 1962.

FOWLER, R. H., Statistical Mechanics, University Press, Cambridge 1936.

FRANK, PH., Das Kausalgesetz und seine Grenzen, Wien 1932.

FUCHS-KITOWSKI, K., Probleme des Determinismus und der Kybernetik in der molekularen Biologie. VEB Gustav Fischer Verlag, Jena 1969.

FÜRTH, R., Zs. f. Physik 81, 143, 1933.

GEDÖ, BUHR, RUML, Zur Kritik der bürgerlichen Ideologie 12, Akademie-Verlag, Berlin 1972.

GELFER, J. M., Istorija i metodologija termodinamiki i statističeskoj fiziki, I/II, vysčaja škola, Moskva 1969/1973.

Gesetz, Erkenntnis, Handeln, Dietz Verlag, Berlin 1972.

Der Gesetzesbegriff in der Philosophie und den Einzelwissenschaften (Hsg. Kröber), Akademie-Verlag, Berlin 1968.

Gesetz und Bedingung in den technischen und Naturwissenschaften, Wiss. Zs. d. HU Math. Nat. R. XIV, 4/5, 1965.

Gesetz und Entwicklung in Philosophie und Einzelwissenschaft, Wiss. Zs. HU, Math.-nat. R. XXII, 1973, 1.

GIBBS, J. W., Elementary Principles of Statistical Mechanics, C. Scribeners Sons 1902.

GICHMAN, I. I., SKOROCHOD, A. W., Stochastische Differentialgleichungen, Akademie-Verlag, Berlin 1971.

GLANSDORFF, P., PRIGOGINE, I., Thermodynamic Theory of Structure, Stability and Fluctuations, Wiley Interscience, New York 1971.

GOLOVANOV, V. N., Zakony v sisteme naučnogo znanija, Mysl, Moskva 1970.

GOTT, V. S., Filosofskie voprosy sovremennoj fiziki, Vyššaj škola, Moskva 1972.

GOTT, V. S., URSUL, A. D., Sojuz filosofii i estestvoznanii, Nauka, Moskva 1973.

DE GROOT, MAZUR, Grundlagen der Thermodynamik irreversibler Prozesse, Bibliographisches Institut, Mannheim 1969.

TER HAAR, D., Review of Modern Physics 27, 289, 1955.

HABERDITZEL, Artikel Quantenchemie im Kleinen Wörterbuch Naturwissenschaft und Philosophie, Dietz Verlag, Berlin 1975.

HAMEL, G., Theoretische Mechanik, Springer-Verlag, Berlin, Göttingen, Heidelberg 1949.

HEDLUND, G., Bull. Amer. Math. Soc. **45**, 241, 1939.

HEGEL, G. W. F., Enzyklopädie der philosophischen Wissenschaften, Akademie-Verlag, Berlin 1966.

Wissenschaft der Logik I/II, Akademie-Verlag, Berlin 1971.

Vorlesungen über die Geschichte der Philosophie, Bd. I, Verlag Philipp Reclam jun., Leipzig 1971.

Zum Hegelverständnis unserer Zeit (Hsg. H. Ley), VEB Deutscher Verlag der Wissenschaften, Berlin 1972.

HEISENBERG, W., Einführung in die einheitliche Feldtheorie der Elementarteilchen, S. Hirzel Verlag, Stuttgart 1967.

Der Teil und das Ganze, R. Piper-Verlag, München 1969.

Das Naturbild der heutigen Physik, Rowohlt, Hamburg 1970.

Schritte über Grenzen, R. Piper-Verlag, München 1971.

HELMHOLTZ, H., Philosophische Vorträge und Aufsätze, Akademie-Verlag, Berlin 1971.

HESSE, H., Erzählungen, Bd. 1, Aufbau Verlag, Berlin und Weimar 1970.

HILBERT, BERNAYS, Grundlagen der Mathematik, Bd. 1, Springer, Berlin 1934.

HOERING, W., Brit. J. Phil. Sci. **20**, 247–255, 1969.

HÖRZ, H., Atome, Kausalität, Quantensprünge, VEB Deutscher Verlag der Wissenschaften, Berlin 1964.

Werner Heisenberg und die Philosophie, VEB Deutscher Verlag der Wissenschaften, Berlin 1966.

Physik und Weltanschauung, Urania-Verlag, Leipzig—Jena—Berlin 1968.

Materiestruktur, VEB Deutscher Verlag der Wissenschaften, Berlin 1971.

Der dialektische Determinismus in Natur und Gesellschaft VEB Deutscher Verlag der Wissenschaften, Berlin 1974a.

Marxistische Philosophie und moderne Naturwissenschaften, Akademie-Verlag, Berlin 1974b.

HÖRZ, H., GRIESE, A., Philosophie und Naturwissenschaft, Dietz Verlag, Berlin 1968.

HOLTON, G., Amer. J. Phys. **10**, 37, 1969.

HOPF, E., Ergodentheorie, Berlin 1937.

Math. Ann. **117**, 590, 1940.

HORSTMANN, H., Der Physikalismus als Modellfall positivistischer Denkweise, Akademie-Verlag, Berlin 1973.
HUANG, K., Statistical Mechanics, John Wiley & Sons, Inc., New York – London 1963.
HUND, F., Geschichte der physikalischen Begriffe, Bibliographisches Institut Mannheim 1972.
INGARDEN, R., Acta Phys. Polon. A **43** (1973) 1, 15.
IVANOV, V. G., Determinism v filosofii i fizike, Nauka, Leningrad 1974.
JAUCH, PIRON, Helv. Phys. Acta **36**, 877, 1963.
JAUCH, dialectica **27**, 1, 1973.
JAYNES, E. T., Phys. Rev. **106**, 620, 1957; **108**, 171, 1957.
JORDAN, P., Wie frei sind wir? Naturgesetz und Zufall, A. Fromm, Osnabrück 1971.
JUHOS, B., Wahrscheinlichkeit als Erkenntnisform, Duncker & Humblot, Berlin 1970.
KAC, M., Probability and related topics in Physical Sciences, russ. Übers.: Mir, Moskva 1965.
Statističeskaja nezavisimost' v teorii verojatnostej, analize u teorii čisel, IL, Moskva 1963.
KANT, I., Werke in sechs Bänden, Bd. 5 (Hsg. W. Weischedel), Wiesbaden 1956.
Beiträge zum Symposium der AdW der DDR aus Anlaß des 250. Geburtstages (1974).
KLAUS, G., Jesuiten, Gott, Materie; VEB Deutscher Verlag der Wissenschaften, Berlin 1957.
Spezielle Erkenntnistheorie, VEB Deutscher Verlag der Wissenschaften, Berlin 1966.
KOENIG, Die Entwicklung des Kausalproblems in der modernen Philosophie, Verlag von Otto Wigand, Leipzig 1888/90.
KOMPANEJEZ, A. S., Statistische Gesetze der Physik, Teubner Verlag, Leipzig 1973.
KORCH, H., Das Problem der Kausalität, VEB Deutscher Verlag der Wissenschaften, Berlin 1965.
KOSSAKOWSKI, A., Reports Math. Phys. **3** (1972) 247
KRAFT, V., Der Wiener Kreis, Springer-Verlag, Wien, New York 1968.
KRAVEZ, A. S., Verojatnost' i sistemy, Voronežskij universitet 1970.
KRÖBER, G., DZfPh 1962/10; 1963/10; 1970/11.
Artikel Gesetz im Philosophischen Wörterbuch I, VEB Bibliographisches Institut, Leipzig 1974.

KRÜGER (Hsg.), Erkenntnisprobleme der Naturwissenschaften, Kiepenheuer & Witsch, Köln, Berlin 1970.
KRYLOV, N. S., Raboty po obosnovaniju statističeskoj fiziki, Izdatel'stvo AN SSSR, Moskva, Leningrad 1950.
KUCHAR, I., Problém pravděpodobnosti a determinism, Academia, Praha 1967.
KUHN, T. S., Die Struktur wissenschaftlicher Revolutionen, Suhrkamp, Frankfurt/M. 1967.
KURTH, R., Axiomatics of Statistical Mechanics, Pergamon Press, Oxford 1960.
LANDAU, L. D., LIFSCHIZ, E. M., Lehrbuch der theoretischen Physik, Bd. 1: Mechanik, Bd. 3: Quantenmechanik, Bd. 5: Statistische Physik, Akademie-Verlag, Berlin 1962ff.
LAPLACE, P. S., Philosophischer Versuch über die Wahrscheinlichkeit, Akademische Verlagsgesellschaft, Leipzig 1932.
LAUE, M. v., Phys. Bl. 1955, 269–270.
Geschichte der Physik, Ullstein, Frankfurt/M. 1958.
LENIN, W. I., Der ökonomische Inhalt der Volkstümlerrichtung, LW 1.
Materialismus und Empiriokritizismus, LW 14.
Noch eine Vernichtung des Sozialismus, LW 20.
Noch einmal über die Gewerkschaften, LW 32.
Philosophische Hefte, LW 38. Dietz Verlag, Berlin 1968.
LEY, H., Technik und Weltanschauung, Urania-Verlag, Leipzig — Jena—Berlin 1971.
LEY, MÜLLER, Kritische Vernunft und Revolution, Pahl-Rugenstein-Verlag, Köln 1971.
LIEBSCHER, Theoretische Physik, Akademie-Verlag, Berlin 1973.
LUDWIG, G., Wellenmechanik. Akademie-Verlag, Berlin 1969.
Deutung des Begriffs „physikalische Theorie" und axiomatische Grundlegung der Hilbertraumstruktur der Quantenmechanik durch Hauptsätze des Messens, Springer-Verlag, Berlin, Heidelberg, New York 1970.
MACH, E., Erkenntnis und Irrtum, Ambrosius Barth, Leipzig 1917.
MACKE, W., Mechanik der Teilchen; Systeme und Kontinua; Quanten; Thermodynamik und Statistik; Akademische Verlagsgesellschaft, Leipzig 1967.
MAIER, A., Die Mechanisierung des Weltbildes, Leipzig 1938.
MAMČUR, E. A., Problema vybora teorii, Nauka, Moskva 1974.
MANGOLDT, KNOPP, Einführung in die höhere Mathematik, Bd. 2, S. Hirzel Verlag, Leipzig 1972.

MARE, C., Determinismul si fizica moderna, Ed. Politica, Bucuresti 1966.
MARX, K., Grundrisse der Kritik der Politischen Ökonomie, Dietz Verlag, Berlin 1953.
Matematičeskie rukopisi, Nauka, Moskva 1968.
Das Kapital, MEW 23—25, Dietz Verlag, Berlin 1962.
Materialističeskaja dialektika i metody estestvennych nauk, Nauka, Moskva 1968.
MISES, R., Wahrscheinlichkeit und Statistik, Springer, Wien 1928.
Wahrscheinlichkeitsrechnung und ihre Anwendung in der Statistik und Theoretischen Physik, F. Deuticke, Leipzig und Wien 1931.
MITTELSTAEDT, Philosophische Probleme der modernen Physik, Bibliographisches Institut, Mannheim 1972.
MJAKIŠEV, G. A., Dinamičeskie i statističeskie zakonomernosti v fizike, Nauka, Moskva 1973.
MÜNSTER, A., Prinzipien der statistischen Mechanik, im Handbuch der Physik III/2, Springer-Verlag, Berlin, Göttingen, Heidelberg 1959.
NARSKI, I. S., Positivismus in Vergangenheit und Gegenwart, Dietz Verlag, Berlin 1967.
Naturphilosophie — von der Spekulation zur Wissenschaft (Hsg. Hörz, Löther, Wolgast), Akademie-Verlag, Berlin 1969.
Nauki o neorganičeskoj prirode i religija, Nauka, Moskva 1973.
NEUMANN, J. v., Mathematische Grundlagen der Quantenmechanik, Julius Springer, Berlin 1932.
PARNJUK, M. A., Princip determinizma v sisteme materialističeskoj dialektiki, Naukovo dumka, Kiev 1972.
PAULI, W., dialectica 8, 118, 1954.
Philosophie und Naturwissenschaft, Wiss. Zs. HU Berlin, Math.-nat. R. 1971, 2.
PIERCE, Symbols, Signals and Noise, russ. Übers.: Mir, Moskva 1962.
PIRON, C., Helv. Phys. Acta **37**, 439, 1964.
PLANCK, M., Wege zur physikalischen Erkenntnis, Hirzel-Verlag, Leipzig 1944.
Wissenschaftliche Selbstbiographie, J. A. Barth, Leipzig 1948.
PLANSCHEREL, Ann. d. Physik **42**, 1061, 1913.
POLIKAROV, Determinizm v fizike, Vopr. fil. 1973/7, 90—100.
POPPER, K. R., Logik der Forschung, Mohr, Tübingen 1971 (4. Aufl.).

Die offene Gesellschaft und ihre Feinde, Bde. 1/2, Francke Verlag, Bern und München 1958.
Prinzipien der klassischen Mechanik und Feldtheorie, Handbuch der Physik III/1, Springer-Verlag, Berlin—Göttingen—Heidelberg 1960.
Prinzipien der Thermodynamik und Statistik, Handbuch der Physik III/2, Springer-Verlag, Berlin—Göttingen—Heidelberg 1959.
Principial'nye voprosy kvantovoy mechaniki, Moskva 1966.
Problema pričinnosti v sovremennoj fizike, AN SSSR Institut filosofii, Moskva 1960.
Problema vozmožnosti i dejstvitelnosti, Nauka, Moskva—Leningrad 1964.
Problemy determinizma v svete sistemno-strukturnogo analiza, Univ. Saratov 1970.
Prostranstvo, vremja, dviženie, Nauka, Moskva 1971.
Rapp, F., Gesetz und Determination in der Sowjetphilosophie, D. Reidel, Publishing Comp., Dordrecht-Holl. 1968.
Reichenbach, H., Wahrscheinlichkeitslehre, Leiden 1935.
Der Aufstieg der wissenschaftlichen Philosophie, Vieweg, Braunschweig 1968.
Reiprich, Die philosophisch-naturwissenschaftlichen Arbeiten von Karl Marx und Friedrich Engels, Dietz Verlag, Berlin 1969.
Röseberg, DZfPh 1971/12.
Ruben, P., Mechanik und Dialektik, Phil. Diss., Berlin 1969.
Ruelle, Statistical Mechanics. Rigorous Results, russ. Übers.: Mir, Moskva 1971.
Ruml, V., Der logische Positivismus, VEB Deutscher Verlag der Wissenschaften, Berlin 1965.
Sačkov, J. V., Vedenie v verojatnostnoj mir, Nauka, Moskva 1971.
Schlick, M., Gesetz, Kausalität und Wahrscheinlichkeit, Wien 1968.
Schmutzer, E., Relativistische Physik (klassische Theorie), Teubner Verlagsgesellschaft, Leipzig 1968.
Symmetrien und Erhaltungssätze der Physik, Akademie-Verlag, Berlin 1972.
Schrödinger, E., Berliner Bericht 19, 296, 1930.
Über Indeterminismus in der Physik, J. A. Barth, Leipzig 1932.
Die Natur und die Griechen, Hamburg 1956.
Was ist ein Naturgesetz? R. Oldenbourg, München, Wien 1962.
Sejfullaev, R. S., Konzepzija pričinnosti i ee funkzii v fizike, Nauka, Novosibirsk 1973.

SELVAGGI, F., Causalita e Indeterminismo, Roma 1964.
SHANNON, Raboty po teorii informacii i kibernetiki, Moskva 1963.
SINAI, J. G., Doklady AN SSSR 1963, **153**, 6, 1261—1264.
SOKOLOV, A. A., Vvedenie v kvantovuju elektrodinamiku, Moskva 1958.
Ideen des exakten Wissens 2/69.
SOKOLOW, LOSKUTOW, TERNOW, Quantenmechanik, Akademie-Verlag, Berlin 1964.
SOMMERFELD, Vorlesungen über theoretische Physik, Bd. 1: Mechanik, Bd. 5: Thermodynamik und Statistik, Akademische Verlagsgesellschaft, Leipzig 1954, 1965.
Sovremennyj determinizm. Zakony prirody, Mysl, Moskva 1973.
SPASKIJ, B. I., Istorija fiziki t. 1/2, Izdatel'stvo Moskovskogo universiteta 1963/64.
STEGMÜLLER, W., Probleme und Resultate der Wissenschaftstheorie und Analytischen Philosophie, Springer-Verlag, Berlin—Heidelberg—New York 1969.
ŠTOFF, V. A., Modellierung und Philosophie, Akademie-Verlag, Berlin 1969.
Struktur und Formen der Materie, VEB Deutscher Verlag der Wissenschaften, Berlin 1969.
SUPPES, P., A probabilistic theory of causality, Acta Philosophica Fennica, Fasc. XXIV, 1970.
SVEČNIKOV, G. A., Pričinnost'i svjaz sostojanij v fizike, Nauka, Moskva 1971.
TERLECKIJ, J. P., Dinamičeskie i statističeskie zakony fiziki, Izdatel'stvo MGU, Moskva 1950.
TITZE, H., Der Kausalbegriff in Philosophie und Physik, Verlag Anton Hain, Meisenheim am Glan 1964.
TOLMAN, R. C., The Principles of Statistical Mechanics, Oxford 1938.
TREDER, H. J., Relativität und Kosmos, Akademie-Verlag, Berlin 1970.
Foundations of Physics **1**, 1, 1970.
TRICKER, Frühe Elektrodynamik, Akademie-Verlag, Berlin 1974.
UHLENBECK, FORD, Lectures in Statistical Mechanics, russ. Übers.: Mir, Moskva 1965.
UHLENBECK, Fundamentalnye problemy statističeskoij mechaniki Uspechi fizičeskich nauk **103**, 2, 275—318, 1971.
URSUL, A. D., Information, Dietz Verlag, Berlin 1970.
VLASOV, A. A., Statističeskie funkzii raspredelenija, Nauka, Moskva 1966.

Vogel, H., Zum philosophischen Wirken Max Plancks, Akademie-Verlag, Berlin 1961.
Physik und Philosophie bei Max Born, VEB Deutscher Verlag der Wissenschaften, Berlin 1968.
Voprosy pričinnosti v kvantovoij mechanike, Moskva 1955.
Weizsäcker, C. F., Zum Weltbild der Physik, Hirzel Verlag, Stuttgart 1970.
Die Einheit der Natur, Hanser, München 1971.
Die philosophische Interpretation der modernen Physik, J. A. Barth, Leipzig 1972.
Weltanschauung und Methode, VEB Deutscher Verlag der Wissenschaften, Berlin 1969.
Wessel, H., Philosophie des Stückwerks, Akademie-Verlag, Berlin 1971.
Wessel, K. F., Kritischer Realismus und dialektischer Materialismus, VEB Deutscher Verlag der Wissenschaften, Berlin 1971.
Weyl, H., Philosophie der Mathematik und der Naturwissenschaft, R. Oldenbourg, München, Wien 1966.
Wiener, N., Differential Space, Quantum Systems and Prediction, Cambridge, Mass., 1966.
Wigner, E., Amer. J. Phys. 1970, **38**, 8, 1005–1009.
Zakon, neobchodimost', verojatnost', Progress, Moskva 1967.
Zaslavskij, G. M., Statističeskaja neobratimost' v nelinejnich sistemach, Nauka, Moskva 1970.
Zaslavskij, Čhirikov, Uspechi fizičeskich nauk, **105**, 1, 1971.
Zel'dovič, Novikov, Relativistskaja astrofizika, Nauka, Moskva 1967.
Zinov'ev, A. A., Komplexe Logik, VEB Deutscher Verlag der Wissenschaften, Berlin 1970.
Logik und Sprache der Physik, Akademie-Verlag, Berlin 1975.
Zubarev, D. N., Neravnovesnaja statističeskaja termodinamika, Nauka, Moskva 1971.
Zvonkin, Levin, Uspechi matematičeskich nauk XXV, 6, 85–127, 1967.

Sachverzeichnis

Abbildung, 25, 69–71, 158
Agnostizismus 162

Begründungsproblematik 105–108, 117–118
Bewegung 32–34, 81–82
–, Brownsche 84–89
Bewegungsauffassung
–, klassisch-mechanische nach Newton 44, 72–74
–, – – Born 76–80
–, quantenmechanische 89 bis 104

Denkweise 41–44
Determinismus 11–12, 21–24, 77
–, dialektischer 29, 30–35, 149–151, 157, 164–166
–, mechanischer 13–18, 30, 153–155
–, metaphysischer 24, 155, 166
Determinationstypen 15–18, 23, 76–87, 91, 101–102, 106–107, 121–124, 135, 143–149, 157–158, 164 bis 166
Determinationstyp I 15, 50, 64, 68, 118, 130
Determinationstyp II 15, 109
Dialektik 23–24, 35–38
– des Erkenntnisprozesses 14, 23–24, 47, 62–63, 67, 159–163
Dialektik, objektive 16, 35–38, 74–75, 81–82, 135, 138, 155–159
–, Theorie der 34

Entwicklung 16, 41, 101, 175
– der Physik 40, 100–101

Freiheit 29–30

Gesamtheit 106–107
Gesetz 9–10, 27–29, 42, 51–61, 161–163
–, Bedingungen 10, 39, 42, 45
–, Bewegungs- 9, 29, 33–39, 42–44, 48, 59, 135–137
–, Gültigkeitsbereich 43, 118, 159–162
–, dynamisches 50, 150
–, statistisches 79, 150
–e, dynamische und statistische 18–23, 86–88, 122 bis 124, 132–133, 135, 147, 164–165

Idealismus
–, objektiver 26
–, „physikalischer" 10, 12, 19, 47, 154
Indeterminismus 9, 21, 153

Informationstheorie 68–69
Irreversibilität 73, 132, 145

Kausalität 29, 53–61, 149 bis 150
Komplementarität 122–123
Konditionalismus 162
Korrespondenzprinzip 45–46

Materialismus 10–12
–, dialektischer 12, 21–27, 38, 47–53, 63
–, historischer 29
–, mechanischer 12–32, 41, 63
Mathematik 27, 30, 37, 158
Mathematisierung 155–156
Meßprozeß 49, 63–71, 92, 110, 116, 130
Modell 44, 99
Möglichkeit 29, 93, 120

Naturdialektik s. Dialektik, objektive
Notwendigkeit 29, 50–51, 66 bis 67, 87–88, 120, 151

Operationalismus 70

Positivismus 26, 104–105
–, Neo- 52, 62–63

Raum – Zeit 100, 131, 151–152
Realismus
–, kritischer 52–53

Reversibilität – Irreversibilität 112
Revolution, wiss. 92

Stabilität – Instabilität 139 bis 142
Struktur, mathematische 25 bis 26, 36, 44, 59, 71, 76, 99, 166
Systemkonzeptionen 134

Theorie 10, 44–47, 99–100, 158–159

Wahrscheinlichkeit 16–18, 21, 51, 65, 71, 78–79, 86–87, 92–93, 121, 136, 148–149, 157, 165–166, 110, 114
Wahrscheinlichkeitstheorie 150 bis 152
Weltanschauung 1 -13
Widerspiegelung 62–70, s. Abbildung
Wirklichkeit 29, 120

Zufall 17, 29, 50–51, 66–67, 87–88, 120, 151
Zusammenhang, objektiver 11, 25, 35–37, 42–44, 56–61, 99, 144, 166
Zusammenhangsformen 29, 60 bis 61, 149–153
Zustand 15, 157

Namenverzeichnis

Adriovič, E. I. 97
Albrecht, E. 152
Aleksandrov, A. D. 14
D'Alembert, J. L. 25
Anosov, D. V. 139–142, 190
Arnold, J. D. 171
Arnold, V. I. 140

Bell, J. S. 133
Berkeley, G. 58
Bernal, J. D. 40, 184
Bernays, P. 74–75
Bernoulli, J. 25
Bernstein, N. S. 148
Birkhoff, G. 117, 140
Blochinzev, D. I. 98, 183
Bogoljubov, N. N. 124–132, 142
Bohm, D. 103
Bohr, N. 20, 22, 67, 97, 122
Boltzmann, L. 18, 85, 104, 105, 111–113, 116, 125–128, 184, 186, 188, 190
Born, M. 20, 21, 22, 76–83, 115, 126, 133, 158, 169, 181, 190
Bose, S. N. 104
Bridgman, P. W. 70, 72
Brillouin, L. 68–69
de Broglie, L. 20, 22, 45, 101
Brown, R. 66, 84, 86, 87

Callen, H. B. 187
Carnap, R. 170
Chester, J. 124, 187, 189
Chew, G. F. 59
Čirikov, B. V. 139, 142–147, 186
Clauser 103
Clausius, R. 104
Collins, R. E. 181
Comte, A. 26, 171
Cornforth, M. 174

Darwin, Ch. 32, 153
Darwin, C. S. 113
Dawydow, A. S. 183
Dijksterhuis, E. J. 25, 35, 36, 38
Dirac, P. A. M. 20, 95

Ebeling, W. 132–133, 152, 160, 185
Eddington, A. S. 171
Ehrenfest, P. u. T. 116, 128
Eigen, M. 153
Einstein, A. 22, 85, 101, 104, 105, 122, 158, 168, 179 bis 180
Engels, F. 23, 26, 27–32, 41, 43, 44, 54, 55
Euler, L. 25
Exner, F. 18, 19, 149, 177

Feuerbach, L. 26
Feynman, R. P. 83, 84, 89–94, 96, 100, 101, 120
Fick, E. 183
Fock, V. A. 122
Foley, L. A. 171
Fürth, R. 96
Fowler, R. H. 113

Galilei, G. 24, 39, 40
Gel'fer, J. M. 184
Gell-Mann, M. 59
Gibbs, J. W. 104, 105, 113, 119, 124, 186
Gichman, I. I. 86
Glansdorff, P. 147, 153
Gouy 84
Green, M. 126
Griese, A. 149

ter Haar, D. 115
Haberditzl, W. 185
Hamilton, W. R. 91, 185
Hedlund, G. 139
Hegel, G. W. F. 26, 42, 53–56, 81, 136
Heisenberg, W. 20, 21, 22, 83, 84, 89, 92, 95–98, 120, 122, 168, 180
Helmholtz, H. 172
Hesse, H. 77, 83
Hibbs, A. 89
Hilbert, D. 74, 75, 90, 183
Hoering, W. 182
Hörz, H. 11, 29, 31, 34, 50, 54, 79, 149, 169, 175, 176, 183, 184
Horstmann, H. 153
Holbach, P. H. 173
Holton, C. 180
Hopf, E. 139
van Hoove, 129
Hume, D. 58
Hund, F. 105

Jauch, J. M. 102, 182
Jaynes, E. T. 186
Jordan, P. 20, 169

Kac, M. 129
Kant, I. 26, 32, 41
Kirkwood, J. G. 126
Knopp, K. 73, 183
Kolmogorov, A. N. 140, 141
Kröber, G. 176, 177
Krüger, L. 70
Krylov, N. S. 114, 121–123, 140–143, 147, 188, 189
Kuhn, Th. S. 180
Kupcov, V. I. 170
Kurth, R. 186

Lagrange, J. L. 25
Landau, L. D. 183, 184, 186
Langevin, P. 86, 88, 101
Laplace, P. S. 12–18, 25, 27, 30, 32, 82, 105, 114, 170
Laue, M. v. 101, 182
Leibniz, G. W. 16, 105
Legendre, A. M. 25
Lenin, W. I. 21, 24, 28–32, 42, 163, 168, 175
Levin, L. A. 78
Ley, H. 174
Liebscher, D.-E. 184
Liouville, J. 124–125, 186
Ljapunov, A. M. 140
Loschmidt, J. 111
Lyell, Ch. 32

Mach, E. 19, 105, 168
Macke, W. 183, 184

Maier, A. 25
Mandelstam, L. I. 140
Mangoldt, H. 73, 183
Markow, A. A. 95
Marx, K. 27–32, 168, 173, 174, 176, 180, 187
Mayer, J. R. 172
Maxwell, J. C. 104, 172, 178
La Mettrie, J. O. 173
Michelson, A. A. 180
Migdal, A. B. 122
Mises, R. v. 19, 71, 78, 79, 116, 121
Moser, J. 140
Münster, A. 113–114, 184, 185

Narski, I. S. 153, 179
Del Negro, W. v. 52
Neumann, J. v. 22, 102, 117
Newton, I. 24, 40, 41, 49, 51, 53, 59, 61, 72, 109, 134, 172, 176–178, 185, 187, 190
Novikov, I. D. 191

Oerstedt, H. Ch. 176

Pauli, W. 22, 186
Petty, W. 28
Pierce, J. 179
Piron, C. 102
Planck, M. 18, 19, 21, 22, 45, 101, 105, 149, 177, 184, 185
Planscherel, M. 116
Plato 168
Podgorecki, M. I. 97
Poincaré, H. 111, 140
Polikarov, A. 184
Popper, K. R. 30, 170, 171, 174–175
Prigogine, I. 147, 153, 191

Rapp, F. 171
Reichenbach, H. 170
Reiprich, K. 173
Riemann, G. F. B. 140
Rochlin, V. A. 140
Rosenfeld 59
Rosenthal, A. 16
Ruben, P. 71, 172
Ruelle, D. 110–111
Rutherford, E. 20

Sačkov, J. V. 34, 151
Schelling, F. W. J. 176
Schmutzer, E. 191
Schrödinger, E. 20, 83, 84, 89, 90, 96, 134
Selvaggi, F. 171
Shannon, C. 179
Sinai, J. G. 117–118, 140 bis 142, 190
Skorochod, A. W. 86
Smoluchowski, M. 85
Sokolov, A. A. 96, 97, 183
Sommerfeld, A. 20, 184
Spaski, B. I. 184
Štoff, V. A. 176
Svečnikov, G. A. 59

Tjapkin, A. A. 97
Terlezki, J. P. 85
Tolman, R. C. 114, 117
Treder, H.-J. 151, 181, 190, 191
Tricker, R. A. R. 25, 176
Tumanov 96

Uhlenbeck, J. 129, 186, 189
Ursul, A. D. 179

Vlasov, A. A. 135–137

Weierstrass, K. 73
Weizsäcker, C. F. v. 22, 169
Welton 187
Wessel, H. 174
Weyl, H. 136, 181
Wiener, N. 88, 89, 93–95
Wigner, E. P. 103

Yvon, J. 126

Zaslavski, G. M. 139, 143, 148 186
Zeldovič, J. B. 191
Zenon 74
Zubarev, D. N. 179, 186–188
Zvonkin, A. K. 78

In der gleichen Reihe erscheint 1975:

A. A. SINOWJEW

Logik und Sprache der Physik

Übersetzung aus dem Russischen

1975. Etwa 260 Seiten mit Abbildungen — 8° — etwa 21,— M
Bestell-Nr. 761 972 4 (6246)

Der Autor führt wichtige Begriffe und Regeln der Logik ein. Er unterscheidet nach rein logischen Gesichtspunkten verschiedene logische Typen von Termini und Gegenständen und untersucht Zahl-, Größen- und Quantitätstermini, baut nach logischen Regeln eine Terminologie zur Beschreibung empirischer Gegenstände auf und leitet aus den getroffenen Definitionen eine Reihe von Behauptungen über Raum, Zeit, Bewegung u. a. ab, die zwar allein auf Grund der gewählten Definitionen gelten, meist aber als physikalische oder philosophische Hypothesen angesehen werden.

Ihr Buchhändler hält alle Wissenschaftlichen Taschenbücher für Sie bereit!

A K A D E M I E - V E R L A G · B E R L I N

Der Autor

- zeigt, daß der Determinismus des mechanischen Materialismus eine philosophische Fehlinterpretation der klassischen Mechanik darstellt. Statistische Physik, Relativitätstheorie und Quantenmechanik haben weder den philosophischen Materialismus noch den Determinismus widerlegt. Die moderne Physik verlangt Überwindung der metaphysischen Form des Determinismus.

- behandelt aus der modernen Physik gewonnene philosophische Verallgemeinerungen des dialektischen Determinismus und geht auf weltanschauliche, erkenntnistheoretische und methodologische Fragen der physikalischen Forschung ein. Es werden philosophische Hypothesen formuliert, deren Berechtigung sich nur in vertiefender Zusammenarbeit marxistisch-leninistischer Philosophen und Vertreter anderer Wissenschaften zeigen kann.

- wendet sich an Physiker, Philosophen, Mathematiker und alle an philosophischen Fragen der Wissenschaften Interessierten.

WISSENSCHAFTLICHE TASCHENBÜCHER

Kolibri 360 GmbH
Ferdinand-Jühlke-Straße 7
99095 Erfurt, Deutschland
produktsicherheit@kolibri360.de